Der
Wechselstromkompensator

Von

Dr.-Ing. W. v. Krukowski
Oberingenieur der Siemens-Schuckertwerke

Mit 20 Abbildungen im Text und auf einem Textblatt

Springer-Verlag Berlin Heidelberg GmbH

1920

ISBN 978-3-662-24278-0   ISBN 978-3-662-26392-1 (eBook)
DOI 10.1007/978-3-662-26392-1

Sonderabdruck

aus der Abhandlung „Vorgänge in der Scheibe eines Induktionszählers
und der Wechselstromkompensator als Hilfsmittel zu deren Erforschung".

Vorwort.

Bei vielen feineren Wechselstrommessungen sind die üblichen Meßinstrumente wegen ihres hohen Eigenverbrauches ungeeignet. Bei Gleichstrom besitzt man in dem allgemein bekannten Kompensationsverfahren ein vorzügliches Mittel zur Durchführung solcher Messungen. Die gleiche Methode läßt sich auch mit Erfolg bei Wechselstrom anwenden; sie erlaubt hier, Spannungen ohne Stromverbrauch, Ströme von praktisch beliebiger Stärke mit geringem Spannungsverlust sowie Flüsse ohne Effektverbrauch zu messen; das letztere erreicht man durch Messung der in einer Prüfspule induzierten EMK. Es sei noch besonders die Möglichkeit hervorgehoben, die gegenseitige Lage verschiedener Vektoren zu bestimmen. Das Wechselstrom-Kompensationsverfahren hat trotz seiner vielseitigen Anwendbarkeit bis jetzt, wenigstens in Deutschland, sehr wenig Beachtung gefunden (s. hierzu auch Einleitung) und wird in den Lehrbüchern über elektrotechnische Meßkunde, wenn man von seiner Anwendung zur Prüfung von Meßwandlern absieht, überhaupt nicht erwähnt. Die Methode wurde vom Verfasser zum Studium der Vorgänge in Induktionszählern und bei anderen Untersuchungen angewandt. Die Ergebnisse einiger dieser Untersuchungen sowie die Theorie der Kompensationsmethode und die Beschreibung der benutzten Apparate ist in dem kürzlich im gleichen Verlag erschienenen Buch „Vorgänge in der Scheibe eines Induktionszählers und der Wechselstromkompensator als Hilfsmittel zu deren Erforschung" veröffentlicht. Da die Kompensationsmethode jedoch nicht nur für Zählerfachleute von Interesse ist, so erschien es zweckmäßig, den diesen Gegenstand behandelnden Teil der Arbeit weiteren Kreisen zugänglich zu machen, was durch die Herausgabe des vorliegenden Sonderabdruckes erreicht werden soll.

Die Arbeit wurde im Zählerlaboratorium der Siemens-Schuckert-Werke durchgeführt, wobei dem Verfasser der inzwischen leider verstorbene Herr Dipl.-Ing. H. Volkmann wertvolle Hilfe bei den Versuchen geleistet hat.

Der Verfasser möchte auch an dieser Stelle Herrn Direktor Dr.-Ing. J. A. Möllinger für die wertvolle Unterstützung, die er ihm stets zuteil werden ließ, seinen verbindlichsten Dank aussprechen.

Nürnberg, Januar 1920.

v. Krukowski.

Inhaltsverzeichnis.

Tabellen.

I. Einleitung.

Die Kompensationsmethode für Wechselstrom ist schon ziemlich alt. Sie wurde wohl zuerst von Ad. Franke für Messungen an Fernsprechleitungen angewandt und im Jahre 1891 beschrieben [1]). Franke bezeichnet allerdings das Verfahren nicht als Kompensationsmethode. Seine Maschine war für die Frequenzen der Sprechströme ($f \approx 150 \div 1200$) bestimmt; als Nullinstrument diente das Telephon. Nach Franke wurde wohl mehrfach versucht, die Kompensationsmethode bei Wechselstrommessungen anzuwenden. Ihrer Einführung in großem Umfange und ihrer Ausdehnung auf den in der Starkstromtechnik üblichen Frequenzbereich ($f \approx 15 \div 100$) stand längere Zeit der Mangel an einem für niedrige Frequenzen geeigneten Nullinstrument entgegen. Ein weiterer Grund für ihre langsame Entwicklung scheint in der Überschätzung der Fehler, die bei verzerrter Kurvenform auftreten, zu suchen zu sein [2]).

Die große praktische Bedeutung der Methode scheint zuerst Drysdale erkannt zu haben. In seiner im Jahre 1909 erschienenen Arbeit [3]) behandelt er das Prinzip der Methode, berechnet die Größe der durch die Kurvenverzerrung bei der Spannungsmessung verursachten Fehler und beschreibt eine von ihm entworfene Meßeinrichtung.

Seit 1913 wird die Kompensationsmethode im Zählerlaboratorium der SSW vom Verfasser zu Untersuchungen an Induktionszählern und für andere Messungen angewandt, sie wurde im Laufe der letzten Jahre allmählich verfeinert [4]). Dabei wurden auch besonders die Fehlerquellen der Meßmethode einer näheren Untersuchung unterzogen. Erst nach Abschluß dieser Untersuchungen wurden dem Verfasser durch das Referat von Orlich [2]) die Arbeiten von Drysdale und

---

[1]) Ad. Franke, „Die elektrischen Vorgänge in Fernsprechleitungen und Apparaten". E. T. Z. 12, 447. 1891.

[2]) Siehe Referat von Orlich über die Arbeit von Drysdale. Z. f. Instr. 21, 356. 1909.

[3]) Ch. V. Drysdale, „Der Gebrauch des Kompensationsapparates bei Wechselstrom". Phil. Mag. 17, 402. 1909. Referat siehe Fußnote 2.

[4]) Es sei noch erwähnt, daß für den gleichen Zweck zuerst versucht worden ist, das Elektrometer zu verwenden, jedoch ohne Erfolg.

Franke bekannt. Die Apparatur war damals bereits in der jetzigen
Form aufgestellt und das Manuskript, in dem auch die Theorie der Methode entwickelt worden ist, lag bereits vor. Da sich die Methode für
sehr viele Zwecke als außerordentlich gut brauchbar erwies und bis
jetzt nur sehr wenig Beachtung gefunden hat, so erschien es zweckmäßig, den Text der Arbeit im wesentlichen unverändert zu veröffent-
lichen und kurz auf die von anderer Seite beschriebenen Abarten des
Verfahrens einzugehen (s. S. 19).

Es sei noch gesagt, daß in den letzten Jahren die Kompensationsmethode von verschiedenen Seiten zur Untersuchung der Meßwandler
angewandt worden ist, dabei scheint jedoch die allgemeinere Verwend-
barkeit derselben unbeachtet geblieben zu sein. Auf diese speziellen
Arbeiten soll jedoch hier nicht weiter eingegangen werden [1]).

Ferner wurde neuerdings eine besondere Anordnung für Messungen
nach der Kompensationsmethode bei Wechselstrom von Déguisne
beschrieben [2]).

II. Theorie der Methode.

a) Prinzip der Anordnung.

Abb. 1 zeigt das prinzipielle Schaltbild des Wechselstromkompensators, der im wesentlichen auf der gleichen Grundlage wie der

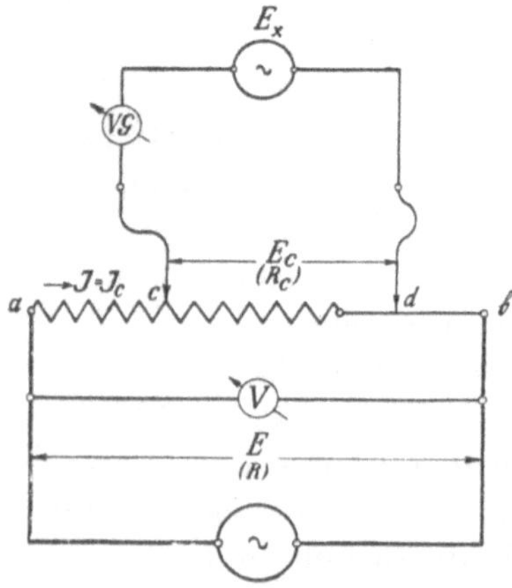

Abb. 1. Prinzip der Kompensationsmessung.

für Gleichstrom beruht. An den Enden $a\,b$
des induktionsfreien Widerstandes (Meßwiderstandes) R wird eine bekannte
Wechselspannung (Meßspannung) E,
die z. B. mit Hilfe eines Voltmeters V gemessen wird, angelegt. Von einem Teil
R_c des Widerstandes R ist der Kompensationszweig $c - E_x - d$, in dem
die zu messende Wechsel-EMK bzw. Spannung E_x sowie ein Nullinstrument z. B.
ein Vibrationsgalvanometer VG liegen,
abgezweigt. R_c wird im folgenden als
Kompensationswiderstand, der
Kreis, der durch R_c und den Kompensationszweig gebildet wird, als Kompensationskreis bezeichnet. Durch entsprechende Wahl der Verhältnisse kann erreicht werden, daß der Kompensationszweig stromlos
wird (man sagt in diesem Fall: der Kompensator ist abgeglichen).

---

[1]) Hierzu siehe z. B. Gewecke, „Strom- und Spannungswandler und Verfahren ihrer Untersuchung“. El. Kraftb. u. Bahnen **12**, 141. 1914; Möllinger,
„Wirkungsweise der Motorzähler und Meßwandler“. Berlin 1917, S. 173.

[2]) C. Déguisne, „Die Kompensationsmethode bei Wechselstrommessungen“.
Archiv f. Elektrotechn. **5**, 303. 1917.

Wären E_c und E_x Gleichspannungen, so würde das dann eintreffen, wenn der Spannungsabfall, der vom Meßstrom J (= Kompensationsstrom J_c) im Kompensationswiderstand erzeugt wird, der zu messenden Spannung E_x gleich und derselben im Kompensationskreis entgegengeschaltet ist. Es gilt dann die Beziehung

$$E_x = E_c = J_c R_c = E \frac{R_c}{R}. \tag{1}$$

Bei Wechselstrom gilt diese Gleichung offenbar für Momentanwerte und der Kompensationszweig ist dann stromlos, wenn sie in jedem Augenblick erfüllt ist.

Dies ist dann der Fall, wenn die Kompensationsspannung E_c und die zu messende Spannung E_x die gleiche Frequenz haben, ihre Effektivwerte einander gleich sind und die beiden Spannungen in bezug auf den Kompensationskreis um $\pi = 180°$ gegeneinander verschoben sind. Ferner muß die Kurvenform der beiden Spannungen die gleiche sein.

Die absolute Gleichheit der Frequenz läßt sich praktisch nur dann erreichen, wenn E_c und E_x vom gleichen Generator oder von zwei miteinander starr gekuppelten Generatoren gleicher Polzahl erzeugt werden. Die nötige Phasenlage der beiden Spannungen läßt sich dadurch erreichen, daß man in einem der Stromkreise einen Phasenschieber einbaut oder einen der beiden Generatoren mit verdrehbarem Stator ausrüstet [1]). Eine weitere Möglichkeit besteht in der Verwendung entsprechender Kapazitäten oder Selbstinduktionen in den Stromkreisen. Diese Methode ist jedoch praktisch nur für kleine, zur Kompensation zweier gegeneinander wenig verschobenen Spannungen geeignet und wird bei Untersuchungen von Meßwandlern u. dgl. angewandt. Die Einstellung der Phase muß völlig stetig erfolgen können.

Werden nacheinander zwei oder mehrere Spannungen bei unveränderten Verhältnissen in den Stromkreisen gemessen, so kann man, wenn der Phasenregler oder der Generator mit verdrehbarem Stator mit einer Teilung versehen ist, die die Lage des verdrehten Teiles abzulesen erlaubt, die Phasendifferenzen zwischen diesen Spannungen bestimmen.

Die Gleichheit der Kurvenform läßt sich praktisch nur dadurch erreichen, daß man die beiden Spannungen sinusförmig macht. Auch bei einer Maschine oder zwei Maschinen von völlig gleicher, jedoch verzerrter Kurvenform der Klemmspannung erhält man nämlich im allgemeinen infolge der in den Strombahnen liegenden Induktivitäten und Kapazitäten verschiedene Kurvenformen der Spannungen E_x und E_c.

---

[1]) Dasselbe erhält man selbstverständlich auch dann, wenn man die beiden Läufer gegeneinander verdreht. Diese Anordnung wird jedoch selten benutzt.

Was die praktische Ausführung des Kompensators anbetrifft, so ist es zweckmäßig, wenn bei Änderung des Kompensationswiderstandes R_c der Meßwiderstand R und die Meßspannung E, also auch der Kompensationsstrom J_c konstant bleiben. Bei Wahl runder Werte von R und E bzw. J_c kann in bekannter Weise die Ablesung von E_x ohne besondere Berechnung ausgeführt werden. Dafür kommen die gleichen Methoden, wie solche bei Gleichstromkompensatoren üblich sind, in Frage[1]). Zweckmäßig ist dabei, wie dies in Abb. 1 angedeutet ist, zur Feineinstellung einen Schleifdraht zu verwenden. Dadurch wird einerseits ein einfacher Aufbau des Apparates ermöglicht, andererseits erlaubt der Schleifdraht ein völlig kontinuierliches Verändern des Kompensationswiderstandes, was zur sicheren Einstellung seines richtigen Wertes sehr nützlich ist, da bei den meisten in Frage kommenden Nullinstrumenten, insbesondere auch beim Vibrationsgalvanometer, der noch evtl. verbleibende Ausschlag keinen Aufschluß darüber gibt, ob er einem zu hohen oder zu niedrigen Wert von R_c zuzuschreiben ist und daher eine Berechnung von R_c durch Interpolation kaum durchführbar ist. Die durch die Ungenauigkeit des Schleifdrahtes verursachten Fehler, die richtige Wahl der Verhältnisse vorausgesetzt, sind dabei belanglos, um so mehr, als die anderen Fehlerquellen es nicht erlauben, bei Wechselstrommessungen die hohe Genauigkeit der Präzisionswiderstände voll auszunutzen, wie dies bei Gleichstrom der Fall ist. Beim Aufbau des Apparates muß natürlich dafür gesorgt werden, daß die verwendeten Widerstände genügend selbstinduktions- und kapazitätsfrei sind. Im Frequenzbereich $f \approx 15 \div 100$ genügt es, gute bifilar oder bei höheren Beträgen nach Chaperon gewickelte Widerstände zu verwenden.

An Stelle des in Abb. 1 angedeuteten Voltmeters zur Messung von E kann auch ein Amperemeter zur Messung von J_c dienen. Dies erfordert aber Wechselstromamperemeter für kleine Stromstärken, die schwer herstellbar sind. Die Messung von E ist eigentlich prinzipiell richtiger als die von J_c, da im ersten Fall der Widerstandssatz nur in sich richtig zu sein braucht. Es muß also nur das Verhältnis der Widerstände R und R_c bekannt sein, wogegen im zweiten Fall die Richtigkeit der absoluten Werte der Widerstände erforderlich ist, auch fällt im ersten Fall der Winkelfehler der Widerstände, solang er bei allen verwendeten Widerständen der gleiche ist, heraus. Die Messung der Meßspannung bietet noch weitere praktische Vorteile, auf die bei der Beschreibung der benutzten Apparatur näher eingegangen wird. Wird als Voltmeter bzw. Amperemeter ein Instrument, dessen Angaben für Gleich- und Wechselstrom gleich sind, also z. B. ein geeignetes dynamometrisches

<hr>

[1]) Siehe z. B. Feussner, E. T. Z. **32**, 187 u. 215. 1911, und Jaeger, „Elektrische Meßtechnik", Leipzig 1917, S. 278.

oder Hitzdrahtinstrument verwendet, so kann dasselbe unter Zuhilfe-
nahme einer Gleichstrommeßspannung, eines Normalelementes und evtl.
eines besonderen Gleichstromgalvanometers jederzeit in der Anordnung
selbst geeicht werden.

Als Nullinstrument kann im Prinzip jedes zur Messung bzw.
Nachweisung von Wechselströmen brauchbare Instrument benutzt
werden. Es kommen dabei in Frage: Elektrodynamometer,
Hitzdrahtgalvanometer, Elektrometer [1]), Telephon und Vibrationsgalvanometer, ferner Gleichstromgalvanometer unter Zwischenschaltung
von Thermo-Elementen oder Gleichrichtern. Als solche kommen
synchron rotierende Stromwender, Glühkathodenröhren und der-
gleichen in Frage.

Am geeignetsten sind das Telephon und das Vibrationsgalvanometer, das erste jedoch nur für höhere Frequenzen. Die übrigen
Instrumente sind weniger geeignet. Jedenfalls ist das Vibrationsgalvanometer, welches einen sehr hohen Grad der Vollkommenheit
erreicht hat, auch dem Telephon vorzuziehen.

b) Fehlerquellen.

Beim Wechselstromkompensator sind folgende Fehlerquellen zu beachten: 1. Einfluß der Kurvenverzerrung, 2. Isolationsströme, 3. Kapazitätsströme, 4. Streufelder, 5. Mechanische Erschütterungen.

1. Einfluß der Kurvenverzerrung. Die wichtigste Fehlerquelle, die
besonders zu beachten ist, wird durch die Verzerrung der Kurve
verursacht. Im allgemeinen wird die Kompensationsspannung E_c und
die zu messende Spannung E_x mehr oder weniger verzerrt sein. Die
Spannungsmessung und die Winkelmessung sind deshalb mit einem
Fehler behaftet. Bei einigermaßen günstiger Wahl der Verhältnisse
läßt sich jedoch dieser Fehler auf eine zu vernachlässigende Größe
herunterdrücken.

Die Größe des Fehlers bei der Spannungsmessung ergibt sich aus folgender Überlegung. Die Kurve der Meßspannung E
(Abb. 1) sei verzerrt. Das Voltmeter zur Messung dieser Spannung E
(oder das Amperemeter zur Messung des Stromes J_c) zeigt den
Effektivwert der verzerrten Kurve an. Der am Kompensator abge-
lesene Wert der Kompensationsspannung

$$E_c = E \frac{R_c}{R} = J_c R_c$$

ist also gleichfalls ein Effektivwert der verzerrten Kurve, wobei die

---

[1]) In diesem Fall ist der Kompensationskreis, abgesehen von Kapazitätsströmen, natürlich auch in nicht abgeglichenem Zustande stromlos.

Kurven von E, E_c und J_c einander ähnlich sind, da ja R ein induktionsfreier Widerstand ist. Der Verlauf von E_c sei durch die Gleichung

$$e_t = \bar{e}_1 \sin(\omega t + \psi_1) + \bar{e}_3 \sin(3\,\omega t + \psi_3) + \bar{e}_5 \sin(5\,\omega t + \psi_5) + \ldots$$

gegeben[1]), wobei $\bar{e}_1$, $\bar{e}_3$ usw. die maximalen Ordinaten der harmonischen Einzelwellen bedeuten. Dann ist

$$E_c = \sqrt{\tfrac{1}{2}(\bar{e}_1^2 + \bar{e}_3^2 + \bar{e}_5^2 + \ldots)} = \sqrt{\tfrac{1}{2}(\bar{e}_1^2 + \Sigma\,\bar{e}_n^2)}\;.$$

Die Gleichung der Kurve der zu messenden, gleichfalls verzerrten Spannung E_x sei

$$e_t' = \bar{e}_1' \sin(\omega t + \psi_1') + \bar{e}_3' \sin(3\,\omega t + \psi_3') + \bar{e}_5' \sin(5\,\omega t + \psi_5') + \ldots$$

dann ist

$$E_x = \sqrt{\tfrac{1}{2}(\bar{e}_1'^2 + \bar{e}_3'^2 + \bar{e}_5'^2 + \ldots)} = \sqrt{\tfrac{1}{2}(\bar{e}_1'^2 + \Sigma\,\bar{e}_n'^2)}\,,$$

wobei in den obigen Gleichungen zur Abkürzung mit $\Sigma\,\bar{e}_n^2$ bzw. $\Sigma\,\bar{e}_n'^2$ die Summe der Quadrate der Amplituden der h ö h e r e n Harmonischen bezeichnet worden ist.

Es sei angenommen, daß das Nullinstrument n u r auf Ströme von der Frequenz der Grundwelle anspricht. Dies trifft beispielsweise beim Vibrationsgalvanometer, wenn dasselbe auf die Grundwelle abgestimmt ist, praktisch in ziemlich hohem Maße zu. In diesem Fall wird als R_c bzw. E_c derjenige Wert abgelesen, bei dem $\bar{e}_1 = \bar{e}_1'$ ist, da dann der Kompensator in bezug auf die Grundwelle abgeglichen ist. Der p r o z e n t u a l e Fehler $\varDelta$ des Resultates bezogen auf E_x ergibt sich dann zu

$$\varDelta = \frac{E_c - E_x}{E_x} \cdot 100 = \left(\frac{E_c}{E_x} - 1\right) \cdot 100 = \left(\sqrt{\frac{\bar{e}_1^2 + \Sigma\,\bar{e}_n^2}{\bar{e}_1^2 + \Sigma\,\bar{e}_n'^2}} - 1\right) \cdot 100 \qquad (2)$$

also

$$(0{,}01\,\varDelta + 1)^2 = \frac{\bar{e}_1^2 + \Sigma\,\bar{e}_n^2}{\bar{e}_1^2 + \Sigma\,\bar{e}_n'^2}$$

für kleine Werte von $\varDelta$ ist $0{,}01\,\varDelta \ll 1$, also ist

$$1 + 0{,}02\,\varDelta \approx \frac{\bar{e}_1^2 + \Sigma\,\bar{e}_n^2}{\bar{e}_1^2 + \Sigma\,\bar{e}_n'^2}$$

oder

$$0{,}02\,\varDelta \approx \frac{\bar{e}_1^2 + \Sigma\,\bar{e}_n^2}{\bar{e}_1^2 + \Sigma\,\bar{e}_n'^2} - 1 \approx \frac{1 + \dfrac{\Sigma\,\bar{e}_n^2}{\bar{e}_1^2}}{1 + \dfrac{\Sigma\,\bar{e}_n'^2}{\bar{e}_1^2}} - 1$$

---

[1]) Es ist eine in bezug auf die Abszissenachse symmetrische Kurve angenommen, die Betrachtungen können aber ohne weiteres auch auf jede beliebige Kurve übertragen werden.

da $\dfrac{\Sigma \bar{e}_n^2}{\bar{e}_1^2}$ und $\dfrac{\Sigma \bar{e}_n'^2}{\bar{e}_1^2}$ klein gegen 1 sind, so kann gesetzt werden:

$$0,02\,\varDelta \approx 1 + \frac{\Sigma \bar{e}_n^2}{\bar{e}_1^2} - \frac{\Sigma \bar{e}_n'^2}{\bar{e}_1^2} - 1 \approx \frac{1}{\bar{e}_1^2}\,(\Sigma \bar{e}_n^2 - \Sigma \bar{e}_n'^2) \approx \frac{1}{\bar{e}_1^2}\,\delta\Sigma$$

wo $\delta\Sigma = \Sigma \bar{e}_n^2 - \Sigma \bar{e}_n'^2$ ist, es ist also

$$\varDelta = 50 \cdot \frac{1}{\bar{e}_1^2}\,\delta\Sigma\,. \tag{3}$$

Die Gleichungen (2) bzw. (3) zeigen, wie dies auch ohne weiteres klar ist, daß $\varDelta = 0$ ist, wenn die Summe der Quadrate der höheren Harmonischen von E_c und E_x gleich ist. Dies kann also außer dem früher erwähnten Fall der vollkommenen Kompensation, die nur bei Wellen gleicher Form eintritt, auch bei Wellen verschiedener Form zutreffen, wobei natürlich der Kompensationszweig in Wirklichkeit nicht stromlos ist.

Von Interesse ist noch die Frage, wie groß darf die Differenz $\delta\Sigma$ der beiden Summen bei einem gewissen Wert von $\bar{e}_1$ sein, ohne daß der Fehler einen bestimmten Betrag übersteigt. Dieser Wert ergibt sich aus Gleichung (3) zu

$$\delta\Sigma = 0,02\,\bar{e}_1^2\,\varDelta\,.$$

Es sei eine der Wellen z. B. die von E_c genau sinusförmig, dann ist

$$\Sigma \bar{e}_n^2 = 0 \quad\text{oder}\quad \delta\Sigma = -\Sigma \bar{e}_n'^2 \quad\text{also}\quad -\Sigma \bar{e}_n'^2 \approx 0,02\,\bar{e}_1^2\,\varDelta\,.$$

Für $\varDelta = 0,1$ also $1^0/_{00}$ Fehler des Resultates ergibt sich

$$-\Sigma \bar{e}_n'^2 \approx 0,002\,\bar{e}_1^2$$

und für $\varDelta = 1$ also 1% Fehler.

$$-\Sigma \bar{e}_n'^2 \approx 0,02\,\bar{e}_1^2\,.$$

Ist nur eine der höheren Harmonischen, beispielsweise die dritte vorhanden, dann folgt aus diesen Beziehungen, daß deren Amplitude bei einem Fehler von $1^0/_{00}$ also $\varDelta = 0,1$

$$\sqrt{0,002 \cdot \bar{e}_1^2} = 0,045\,\bar{e}_1$$

d. h. $4,5\%$ der Amplitude der Grundwelle betragen darf und für 1% Fehler ergibt sich entsprechend

$$\sqrt{0,02\,\bar{e}_1^2} = 0,141\,\bar{e}_1$$

also $14,1\%$. In beiden Fällen ist $\varDelta$ negativ [1]).

Aus diesen Betrachtungen ersieht man, daß verhältnismäßig große Verzerrungen der Kurve einen geringen Einfluß auf das Resultat

---

[1]) Drysdale kommt in seiner Arbeit zu ähnlichem Ergebnis über die Größe des Einflusses der Kurvenverzerrung, wobei er jedoch nicht mit den Amplituden, sondern mit den Effektivwerten rechnet.

ausüben. Genau die gleiche Betrachtung gilt natürlich für den umgekehrten Fall, also wenn E_x sinusförmig und E_c verzerrt ist, nur ist in diesem Fall Δ positiv. Praktisch wird man stets mit dem ersten Fall zu tun haben, da es meist möglich sein wird, Vorkehrungen zu treffen, um die Meßspannung sinusförmig zu machen. Dagegen hat man es nicht immer in der Hand, die zu messende Spannung sinusförmig zu bekommen.

Als Grenze der Genauigkeit, die sich bei der Wechselstromkompensationsmethode infolge Ungenauigkeit der Meßinstrumente u. dgl. zur Zeit überhaupt erreichen läßt, dürfte etwa $1^0/_{00}$ angesehen werden. Es ist deshalb interessant, sich ein Bild darüber zu machen, wie die Kurven aussehen dürfen, damit auch der durch die Kurvenverzerrung verursachte Fehler innerhalb dieser Grenze bleibt. Aus diesem Grunde sind auf dem Textblatt S. 10 und 11 eine genau sinusförmige und einige charakteristische verzerrte Kurven, bei denen $\Sigma\, \bar{e}_n^2 = 0{,}0025\, \bar{e}_1^2$ ist, abgebildet[1]). Wenn eine der Kurven, z. B. die von E_x, diesen Verlauf hat, die andere dagegen sinusförmig ist, so würde der Fehler etwa $1^0/_{00}$ (genauer $1{,}25^0/_{00}$) betragen. Die Gleichungen der Kurven lauten:

1. $e_t = \bar{e}_1 \sin \omega t$

2. $e_t = \bar{e}_1 \sin \omega t + 0{,}05\, \bar{e}_1 \sin 3\, \omega t$

3. $e_t = \bar{e}_1 \sin \omega t - 0{,}05\, \bar{e}_1 \sin 3\, \omega t$

4. $e_t = \bar{e}_1 \sin \omega t + 0{,}05\, \bar{e}_1 \sin 5\, \omega t$

5. $e_t = \bar{e}_1 \sin \omega t + 0{.}05\, \bar{e}_1 \sin 7\, \omega t$

6. $e_t = \bar{e}_1 \sin \omega t + 0{,}035\, \bar{e}_1 \sin 3\, \omega t + 0{,}035\, \bar{e}_1 \sin 5\, \omega t$.

In den Zeichnungen sind für die erste halbe Periode außer der resultierenden verzerrten Kurve noch die Grundwellen und die einzelnen Oberwellen eingetragen. Aus den Abbildungen ist deutlich zu ersehen, daß eine für das Meßergebnis noch belanglose Verzerrung der Kurve ohne weiteres erkennbar ist, so daß man sich mit einer bloßen Aufnahme des Oszillogramms begnügen kann und die genaue Analyse der Kurve, die immerhin ziemlich zeitraubend ist, sich meist erübrigt. Es sei noch bemerkt, daß der Maßstab der Kurven auf dem Textblatt etwa der gleiche ist, wie der der Oszillogramme, die mit dem S. & H.-Oszillographen aufgenommen werden.

Über die Fehler der Winkelmessungen sei folgendes gesagt. Von einer Phase bzw. Phasendifferenz kann bekanntlich bei verzerrten Wellen strenggenommen nicht gesprochen werden. An Stelle der

---

[1]) Die Abbildungen wurden so hergestellt, daß man zuerst die Kurven in etwa dem vierfachen Maßstabe gezeichnet hat und dann photographisch verkleinerte.

wirklichen Phasenverschiebung φ tritt hier die Phasenverschiebung φ_a der äquivalenten Sinuswellen. φ_a ist durch die Beziehung

$$\cos\varphi_a = \frac{N}{JE} = \frac{J_1 E_1 \cos\varphi_1 + J_3 E_3 \cos\varphi_3 + \cdots}{\sqrt{J_1^2 + J_3^2 + \cdots}\,\sqrt{E_1^2 + E_3^2 + \cdots}}$$

definiert.

Bei der Messung mit dem Wechselstromkompensator wird nur die Phasenverschiebung φ_1 der Grundwellen bestimmt, und zwar ganz gleichgültig, ob man den Winkel direkt am Phasenverschieber oder am Generator abliest oder denselben durch Messung verschiedener Vektoren (z. B. bei der Drei-Voltmetermethode) ermittelt. Ferner sind Effektivwerte von Spannung und Strom[1]) mit den oben behandelten Fehlern behaftet. Die Fehler der Winkelmessungen können also jeweils ermittelt werden, wenn die Gleichungen der Strom- und Spannungskurve bekannt sind. Praktisch wird dies nur in seltenen Fällen möglich sein; es ist daher stets anzustreben, durch Arbeiten mit möglichst reinen Kurven den Fehler auf das Minimum zu reduzieren. Im folgenden soll zur Erläuterung ein charakteristisches Beispiel behandelt werden.

Es sei die Phasenverschiebung des Stromes J gegen die Klemmenspannung E_S bei einer eisenhaltigen Spule zu bestimmen. Zu diesem Zweck sei vor die Spule ein Ohmscher Widerstand R eingeschaltet worden. Der Strom in dieser Serienschaltung, also auch die Klemmenspannung E_R an dem Ohmschen Widerstand seien praktisch sinusförmig. Es ist dann der mit dem Kompensator gemessene Wert der Stromstärke $J = \dfrac{E_R}{R}$ richtig, die Spannungsmessung an der Spule ist mit einem negativen Fehler $\varDelta$ behaftet. Als Phasenverschiebung von E_R (bzw. J) gegen E_S wurde durch Ablesung am Phasenschieber der Wert φ_1 der Phasenverschiebung der sinusförmigen Welle von E_R und der Grundwelle von E_S gemessen. Der sich daraus berechnende Effekt ist $N_1 = J_1 E_1 \cos\varphi_1$, wobei E_1 und $J = J_1$ die gemessenen Effektivwerte der Grundwellen der Spannung und des Stromes sind. Der wirkliche Effekt ist $N = J E_S \cos\varphi_a$. Da die Kurve des Stromes sinusförmig war, so ist offenbar $N_1 = N$. Berücksichtigt man ferner, daß

$$E_S = E_1 \left(1 - \frac{\varDelta}{100}\right)$$

ist, so ergibt sich

$$J_1 E_1 \left(1 - \frac{\varDelta}{100}\right) \cos\varphi_a = J_1 E_1 \cos\varphi_1$$

---

[1]) Es soll hier angenommen werden, daß der Strom durch Messung der Spannung an einem induktionsfreien Widerstand mit Hilfe des Kompensators ermittelt wird.

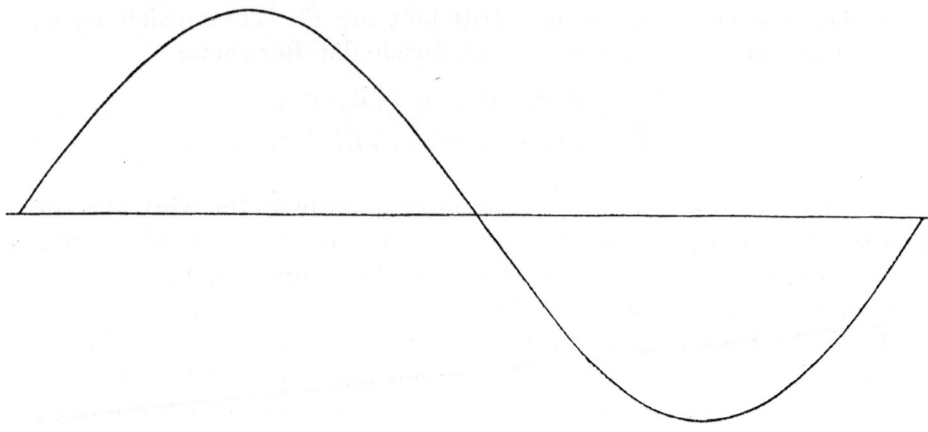

1. $e_t = \bar{e}_1 \sin \omega t.$

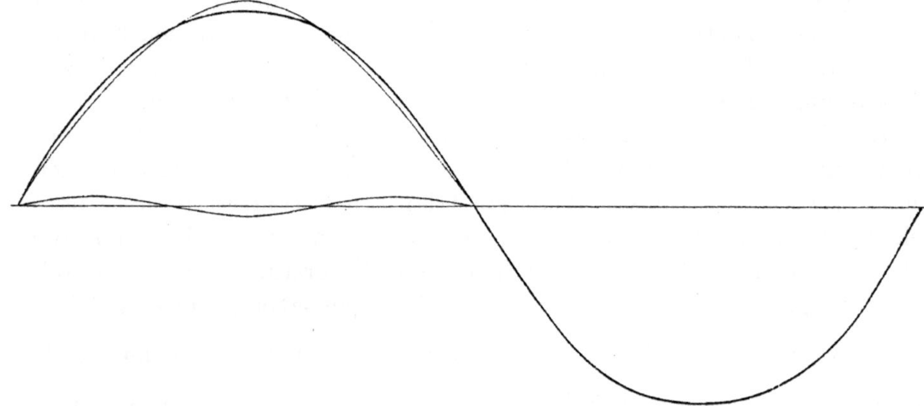

2. $e_t = \bar{e}_1 \sin \omega t + 0,05\, \bar{e}_1 \sin 3\,\omega t.$

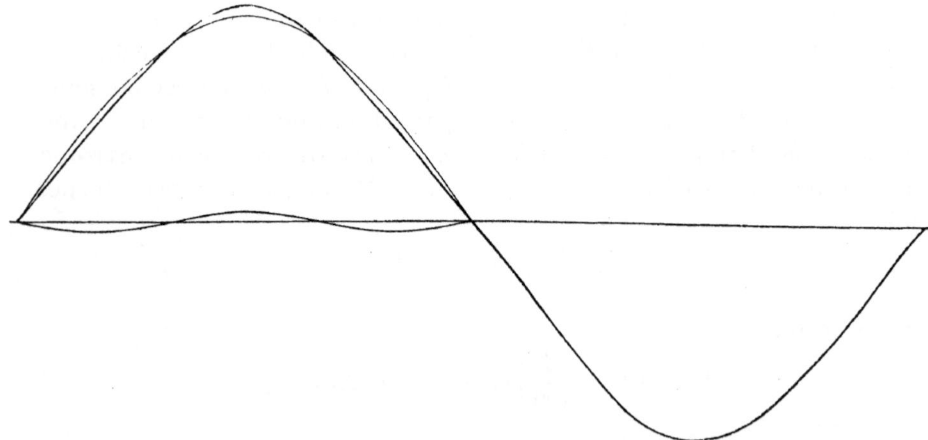

3. $e_t = \bar{e}_1 \sin \omega t - 0,05\, \bar{e}_1 \sin 3\,\omega t.$

Textblatt. Sinuslinie

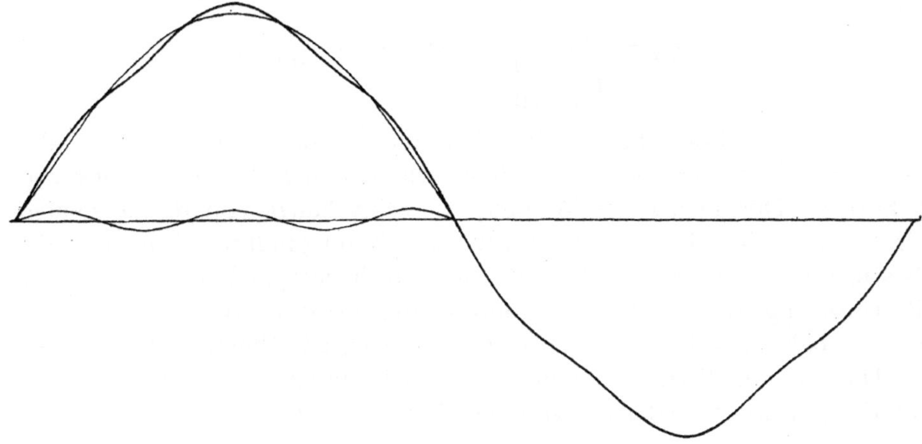

4. $e_t = \bar{e}_1 \sin \omega t + 0{,}05\,\bar{e}_1 \sin 5\,\omega t.$

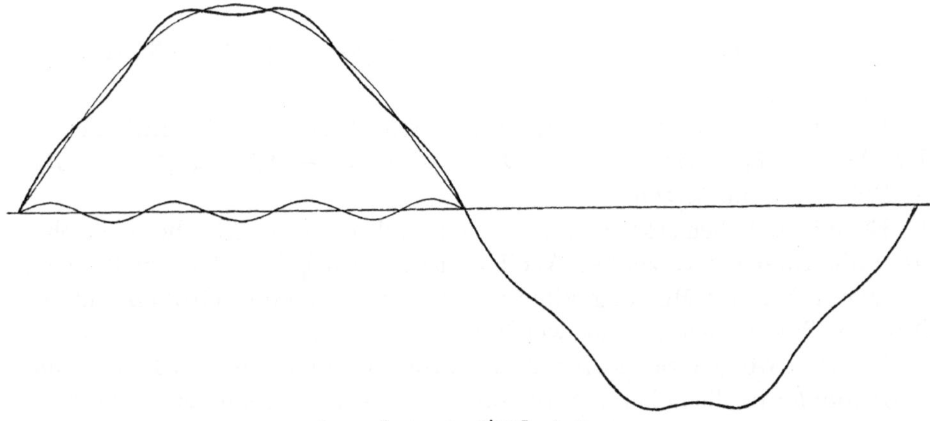

5. $e_t = \bar{e}_1 \sin \omega t + 0{,}05\,\bar{e}_1 \sin 7\,\omega t.$

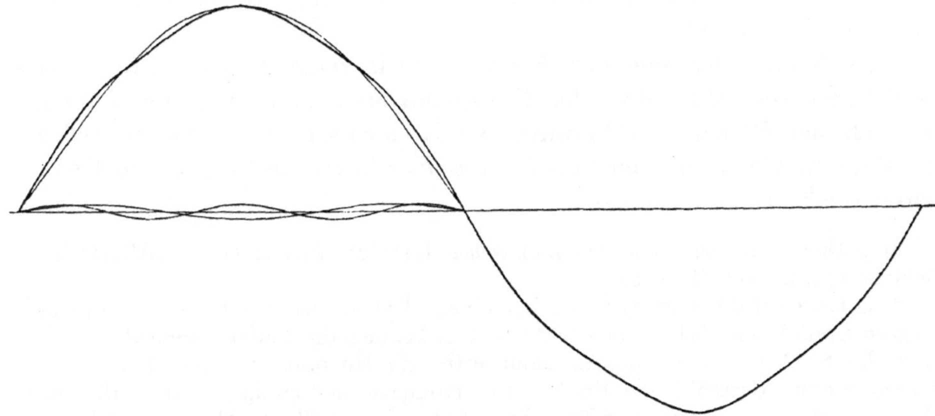

6. $e_t = \bar{e}_1 \sin \omega t + 0{,}035\,\bar{e}_1 \sin 3\,\omega t + 0{,}035\,\bar{e}_1 \sin 5\,\omega t.$

und verzerrte Kurven.

also

$$\cos\varphi_a = \frac{\cos\varphi_1}{1 - \dfrac{\varDelta}{100}} \approx \cos\varphi_1\left(1 + \frac{\varDelta}{100}\right),$$

also ist die Bestimmung des Leistungsfaktors mit einem Fehler von praktisch der gleichen Größe, wie der der Spannungsmessung, behaftet. Der Fehler des Winkels φ_a selbst hängt von der absoluten Größe des Winkels ab und ist für $\varphi_a = 0$ am größten. Das über die Bestimmung von $\cos\varphi_a$ Gesagte kann auch entsprechend auf die zur Bestimmung der wattlosen Komponente maßgebende Größe $\sin\varphi'$, welche bekanntlich nicht identisch mit $\sin\varphi_a$ ist, übertragen werden[1]).

Die obigen Betrachtungen lassen sich sinngemäß auch dann anwenden, wenn die Gleichungen der Kurven in der Form

$$e_t = A_1\sin\omega t + A_3\sin 3\,\omega t + \ldots + B_1\cos\omega t + B_3\cos 3\,\omega t\ldots$$

bzw.

$$e_t' = A_1'\sin\omega t + A_3'\sin 3\,\omega t + \ldots + B_1'\cos\omega t + B_3'\cos 3\,\omega t\ldots$$

gegeben sind.

In diesem Fall ist in Gl. (3) für c_1^2 der Wert $A_1^2 + B_1^2$ und für $\delta\varSigma$ der Wert $A_3^2 + A_5^2 + \ldots + B_3^2 + B_5^2 + \ldots - A_3'^2 - A_5'^2 \ldots - B_3'^2 - B_5'^2 - \ldots$ zu setzen.

Es sei noch bemerkt, daß in vielen Fällen das eigentliche Versuchsergebnis auch bei verzerrten Wellen streng richtig ist. Dies trifft dann zu, wenn bei der Messung aller zusammengehörenden Größen nur die Grundwellen berücksichtigt werden.

Bei den obigen Betrachtungen wurde angenommen, daß das Nullinstrument auf die höheren Harmonischen gar nicht reagiert. Dies trifft beim Vibrationsgalvanometer mit genügender Genauigkeit zu, wenn die gegeneinander zu kompensierenden Spannungskurven nicht sehr stark verzerrt sind[2]).

Sind beide oder eine der Kurven stark verzerrt, so kann unter Umständen das Abgleichen des Kompensators ganz unmöglich werden, da auch bei Erzielung vollkommener Kompensation der Grundwellen die höheren Harmonischen von E_x und E_c sehr starke Ströme im Kompensationskreis verursachen.

---

[1]) Näheres hierzu siehe beispielsweise Kittler-Petersen, „Allgemeine Elektrotechnik" Bd. II, S. 352.

[2]) Streng erfüllt wäre es z. B. bei einem Dynamometer mit einer „separat erregten Spule" oder bei einem Elektrometer, bei dem die Nadel „separat erregt" ist (siehe S. 20). Im Gegensatz dazu wäre ein Hitzdrahtinstrument oder ein Dynamometer, dessen beide Spulen im Kompensationszweig liegen, oder ein Gleichstromgalvanometer unter Zwischenschaltung eines Gleichrichters in gleichem Maße gegen die Grundwelle wie gegen die höheren Harmonischen empfindlich und aus diesem Grunde, ohne daß man besondere Vorkehrungen trifft, unbrauchbar.

Dies möge an einem Beispiel erläutert werden. Es sei eine Spannung $E_x \approx 2$ Volt, deren Kurve verzerrt ist, zu messen. Die Amplitude der außer der Grundwelle noch vorhandenen dritten Harmonischen[1]) betrage 10% der Amplitude der Grundwelle, ihr Effektivwert ist also $E_3 \approx 0{,}2$ Volt. Diese Verzerrung würde, wenn das Galvanometer gegen die dritte Harmonische ganz unempfindlich wäre, nur einen Fehler von $\varDelta \approx - 0{,}5\%$ verursachen [siehe Gl. (3) S. 7]. Die Kurve der an dem Kompensator angelegten Spannung sei genau sinusförmig und der Kompensationswiderstand betrage 100 Ohm pro Volt. Ferner sei derWiderstand des Galvanometers und der übrigen im Kompensationszweig liegenden Teile 100 Ohm (der Einfachheit halber sollen alle Widerstände als induktionsfrei angenommen werden). Bei $E_x = 2$ Volt ist $R_c = 200$ Ohm, also der Gesamtwiderstand des Kompensationskreises $100 + 200 = 300$ Ohm. Wenn die Grundwellen gegeneinander kompensiert sind, verbleibt im Galvanometerkreis eine noch nicht kompensierte Spannung von dreifacher Frequenz und 0,2 Volt übrig. Diese verursacht also einen Strom $J_3 = \dfrac{0{,}2}{300} \approx 0{,}7 \cdot 10^{-3}$ Ampere[2]).

Das Vibrationsgalvanometer sei so beschaffen, daß seine Empfindlichkeit in bezug auf die dritte Harmonische etwa 700 mal geringer ist, als in bezug auf die Grundwelle[3]). Dann ist der noch verbleibende Ausschlag des Vibrationsgalvanometers der gleiche wie bei der Resonanzfrequenz und $\dfrac{0{,}7}{700} \cdot 10^{-3} = 1 \cdot 10^{-6}$ Ampere. Dies würde bei Resonanzfrequenz einer Genauigkeit der Abgleichung auf etwa $1 \cdot 10^{-6} \cdot 300 = 0{,}3 \cdot 10^{-3}$ Volt entsprechen. Bei einer Stromempfindlichkeit $\xi_x = 10$[4]) würde infolge des Vorhandenseins der dritten Harmonischen auch bei vollkommener Kompensation der Grundwelle ein Ausschlag von 10 mm verbleiben. Die Einstellung eines scharfen Minimums ist also nicht möglich, um so mehr, als in Wirklichkeit meist nicht eine, sondern mehrere Harmonische gleichzeitig vorhanden sind und das Bild infolge von Interferenzerscheinungen sehr unruhig ist.

Es sei noch erwähnt, daß die Ströme höherer Frequenz dann noch stärker ausfallen, wenn höhere Harmonische gleicher Ordnung in

---

[1]) Je höher die Ordnung der Harmonischen ist, desto kleiner ist ihnen gegenüber die Empfindlichkeit des Vibrationsgalvanometers.

[2]) Genau genommen ist der Strom sogar noch etwas höher, da als Schließungswiderstand für den Kompensationszweig außer dem Kompensationswiderstand noch der außerhalb desselben liegende Teil des Meßwiderstandes, der über das Voltmeter und die Stromquelle des Wechselstromkompensators geschlossen ist, in Frage kommt. Bei der obigen Betrachtung ist dieser Widerstand als sehr hoch gegenüber R_c angenommen.

[3]) Dies entspricht einer Resonanzbreite $\varrho = 0{,}01$ (Näheres siehe S. 17).

[4]) $\xi_x =$ Ausschlag (Bildverbreiterung) des Galvanometers pro Mikroampere bei 1 m Skalenabstand in mm.

E_x und E_c vorhanden sind und eine solche Lage haben, daß sie bei Kompensation der Grundwelle in bezug auf den Kompensationskreis in Phase liegen.

Ferner ist die Störung durch die höheren Harmonischen bei Messung hoher Spannungen stärker als bei niedrigen Spannungen, da der Widerstand des Schließungskreises, wie leicht ersichtlich, weniger als proportional mit der Spannung wächst.

Diese Schwierigkeiten in der Abgleichung können entweder dadurch behoben werden, daß man das Galvanometer gegen die höheren Harmonischen unempfindlich macht, oder daß man die Ströme, welche die höheren Harmonischen im Kompensationszweig verursachen, unterdrückt.

Das erstere ist beim Vibrationsgalvanometer zum Teil dadurch möglich, daß man das Galvanometer sehr schwach dämpft. Diese Maßnahme dürfte jedoch nicht in allen Fällen ausreichend sein und bringt andere Nachteile mit sich. Bei schwacher Dämpfung ist infolge sehr scharfer Resonanzkurve des Galvanometers eine sehr genaue Einhaltung der Frequenz nötig, ferner stellt sich der Ausschlag des Galvanometers nur langsam ein; beides ist für die Durchführung der Messung ungünstig.

Im zweiten Fall kann man auf verschiedene Weise verfahren. Ist die Empfindlichkeit des Galvanometers für die Grundwelle so hoch, daß man sie unbedenklich herunterdrücken kann, so ist das einfachste Mittel, welches in den meisten Fällen ausreichend sein dürfte, das Einschalten eines Ohmschen Widerstandes in den Kompensationszweig. Wirksamer ist das Einschalten einer Drossel, da deren scheinbarer Widerstand in bezug auf die höheren Harmonischen größer ist, als in bezug auf die Grundwelle. Eine weitere Verbesserung läßt sich erreichen, wenn man zur Serienschaltung der Drossel und des Galvanometers (unter Umständen genügt auch der induktive Widerstand des Galvanometers allein) einen Ohmschen Widerstand oder noch besser einen Kondensator parallel schaltet.

Am günstigsten ist die Reihenschaltung einer Kapazität und einer Drossel, deren Größen so gewählt sind, daß sich der Kreis in bezug auf die Grundwelle in Resonanz befindet. Auf diese Weise wird der durch die höheren Harmonischen verursachte Strom sehr stark heruntergedrückt und der weitere Vorteil erzielt, daß sich der Kompensationskreis in bezug auf die Grundwelle wie ein Kreis mit nur Ohmschem Widerstand verhält, so daß die Induktivität des Vibrationsgalvanometers keine Erhöhung des Widerstandes des Kompensationskreises verursacht. Der Nachteil der Schaltung besteht darin, daß beim Arbeiten mit verschiedenen Frequenzen jedesmal eine neue Abstimmung des Kompensationskreises auf Resonanz nötig ist. Werden Spannungen an Drosselspulen, Transformatoren oder anderen Apparaten von induktivem Charakter gemessen, so ist die Abstimmung auch von den Konstanten dieser Apparate abhängig.

Es sei noch gesagt, daß die Unmöglichkeit, eine scharfe Einstellung zu erreichen, darauf hinweist, daß höhere Harmonische vorhanden sind, so daß man daraus sogar auf die Genauigkeit der Messung schließen kann[1]).

Eine weitere Fehlerquelle entsteht aus der Verzerrung der Kurve dadurch, daß die nicht kompensierten höheren Harmonischen von E_x den Kompensationsstrom J_c und die Meßspannung E beeinflussen, so daß das Voltmeter bzw. Amperemeter zur Messung von E bzw. J_c eigentlich zu viel zeigt. Der dadurch zustande kommende Fehler ist jedoch, wie man sich leicht überzeugen kann, praktisch zu vernachlässigen und hat unter Umständen sogar das entgegengesetzte Vorzeichen wie der oben behandelte Fehler der Spannungsmessung.

Die Reinigung der Kurve des Stromes kann am bequemsten durch Einschalten geeigneter eisenfreier Drosselspulen in die Stromkreise geschehen. Eine Spannung von sinusförmigem Verlauf kann erzielt werden, indem man dieselbe von den Klemmen eines induktionsfreien Widerstandes, der von sinusförmigem Strom durchflossen ist, abnimmt. Eine noch vollkommenere Reinigung der Kurve läßt sich natürlich durch Anwendung einer Resonanzschaltung erreichen. Diese Methode bietet aber, besonders wenn man mit verschiedenen Frequenzen arbeiten will, praktische Schwierigkeiten und dürfte deshalb nur in Ausnahmefällen in Frage kommen, um so mehr, als die Drosselspulen allein eine für die meisten Zwecke genügend reine Kurve liefern.

2. **Isolationsfehler.** Diese können sich genau wie beim Gleichstromkompensator störend bemerkbar machen. Die ganze Einrichtung muß aus diesem Grunde so gut wie möglich isoliert sein. Die Apparate, an denen die unbekannte Spannung E_x liegt, lassen sich meist nicht vollkommen isolieren und müssen mitunter sogar geerdet sein. Aus diesem Grunde ist der eigentliche Kompensator einschließlich des Galvanometerkreises so hoch wie irgend möglich zu isolieren[2]).

3. **Kapazitätsströme.** Außer den Isolationsfehlern treten bei Wechselstrommessungen noch Fehler durch Ströme, die durch die Kapazität der einzelnen Teile gegeneinander und gegen Erde bedingt sind, hinzu. Dabei ist zu berücksichtigen, daß ein Kapazitätsstrom vom gleichen Betrag wie ein Isolationsstrom weniger Fehler verursacht als der letztere, da er um 90° gegen die Ströme in Ohmschen Widerständen voreilt.

Die unter 2 und 3 erwähnten Fehler lassen sich dadurch herunterdrücken, daß man dafür sorgt, daß die in Frage kommenden Teile

---

[1]) Darauf weist auch Drysdale in seiner Arbeit hin.
[2]) Siehe hierzu z. B. Feußner, E. T. Z. **32**, 187 u. 215. 1911.

keine zu große Potentialdifferenz gegen die Umgebung erhalten. Ein Mittel hierzu ist in gewissen Fällen das Zwischenschalten von Transformatoren mit sehr gut gegeneinander isolierten Wicklungen; ferner kommt, wie oben erwähnt, die Erdung in Frage. Läßt sich eine genügend hohe Isolation auf bequeme Weise nicht erreichen, so kann man die Isolationsströme dadurch vermeiden, daß man die Stützen der in Frage kommenden Isolatoren, die in diesem Fall wiederum isoliert sein müssen, auf das Potential der betreffenden Leitung oder des Apparates bringt. Zum Schutz gegen Kapazitätsströme muß die ganze Umgebung der fraglichen Apparate oder Leitungen auf das Potential derselben gebracht werden (Elektrostatische Schirmung). Grundsätzlich muß dafür gesorgt werden, daß das Galvanometer stets so angeschlossen wird, daß es von Isolations- oder Kapazitätsströmen nicht durchflossen wird. Bei den anderen Teilen der Meßanordnung, insbesondere beim Kompensationswiderstand, wird das Auftreten von Störungsströmen nicht immer ganz zu vermeiden sein. Allgemeine Regeln zur Durchführung dieser Schutzmaßnahmen lassen sich kaum aufstellen, da dieselben von Fall zu Fall verschieden sind.

4. Streufelder. Ferner ist bei den Messungen zu beachten, daß Fehler durch Streufelder verursacht werden können. Diese können einerseits dadurch zustande kommen, daß solche Felder direkt auf das Nullinstrument wirken, andererseits dadurch, daß sie in Leitungsschleifen und Spulen, die in der Anordnung liegen, EMKe induzieren. Eine besondere Vorsicht ist bei Verwendung von Drosselspulen im Kompensationskreise geboten. Abhilfe wird durch Schutz des Instrumentes durch einen Eisenmantel und Vermeidung von Schleifen in der Leitungsführung geschaffen.

5. Mechanische Erschütterungen. Wird als Nullinstrument ein Vibrationsgalvanometer verwendet, so ist zu berücksichtigen, daß dasselbe durch mechanische Erschütterungen zum Ausschlag gebracht werden kann. Besonders periodische, auch sehr schwache Erschütterungen von solcher Frequenz, daß sie Resonanzschwingungen des beweglichen Systems hervorrufen, können schon große Ausschläge des Galvanometers zur Folge haben. Erschütterungen dieser Art können z. B. durch Wechselstromgeneratoren, deren Frequenz mit der Abstimmungsfrequenz des Galvanometers zusammenfällt [1]), verursacht werden. Die gleiche Wirkung können auch Antriebsmaschinen solcher Generatoren haben.

Die durch mechanische Erschütterungen hervorgerufenen Ausschläge des Galvanometers erschweren die Abgleichung des Kompensators und können dieselbe sogar ganz unmöglich machen; es sind auch direkte

---

[1]) Dasselbe trifft auch zu, wenn die Frequenz des Generators ein ganzes Vielfaches oder die Hälfte usw. der Abstimmungsfrequenz ist.

Meßfehler nicht ausgeschlossen. Diese Störungen werden durch erschütterungsfreie Aufhängung oder Aufstellung des Galvanometers vermieden.

c) Vibrationsgalvanometer.

Für das Arbeiten mit dem Wechselstromkompensator ist es wertvoll, über die Arbeitsweise des Vibrationsgalvanometers, die noch wenig bekannt ist, im klaren zu sein. Aus diesem Grund sind im folgenden die wichtigsten Beziehungen wiedergegeben.

[Die Darstellung ist im wesentlichen wie die in der Arbeit von Schering und Schmidt[1]); die Bezeichnungen sind zum Teil von den in dieser Arbeit angeführten abweichend.]

Es bezeichnet im folgenden:

f_* Eigenfrequenz der Galvanometernadel,

f Frequenz des Wechselstromes,

ξ_* Stromempfindlichkeit $=$ Bildverbreiterung in $\mathrm{mm}/\mu\mathrm{A}$ bei 1 m Skalenabstand, bei der Abstimmung, also $f = f_*$,

ξ_n Stromempfindlichkeit gegen Oberschwingungen n-ter Ordnung, also für $f = n f_*$,

ξ_0 Stromempfindlichkeit bei Gleichstrom, „kommutierter", Ausschlag in mm $(=$ einseitiger Ausschlag $\times$ 2$)$,

$V = \dfrac{\xi_*}{\xi_0}$ Verstärkungsfaktor, das Verhältnis von Stromempfindlichkeit für Wechselstrom im Resonanzfall zur Gleichstromempfindlichkeit,

$i_* = \dfrac{1}{\xi_*}$ Stromstärke in Mikroampere für 1 mm Ausschlag bei 1 m Skalenabstand,

$i_0 = \dfrac{1}{\xi_0}$ Die entsprechende Größe bei Gleichstrom,

$\varLambda$ Natürliches logarithmisches Dämpfungsdekrement $(\varLambda = \log$ nat k, wo k das Dämpfungsverhältnis $=$ Verhältnis eines Schwingungsbogens zu dem folgenden ist$)$.

$\varrho = \dfrac{f - f_*}{f_*}$ Resonanzbreite, diejenige relative Abweichung der Wechselstromfrequenz von der Galvanometerfrequenz, bei der die Empfindlichkeit auf die Hälfte der Resonanzempfindlichkeit herabgeht.

$1/\varrho$ Resonanzschärfe,

ϑ Die Zeit, in der ein Ausschlag nach Ausschaltung des Stromes auf den hundertsten Teil abklingt.

---

[1]) Z. f. Instr. **38**, 1. 1918; siehe hierzu auch Zöllich, Arch. f. Elektr. **3**, 369. 1915.

Zwischen den oben angeführten Größen bestehen folgende Beziehungen, die zwar nicht allgemein streng richtig sind, jedoch bei schwacher Dämpfung, etwa $A < 0,1$ $(k < 1,1)$, wie sie bei Vibrationsgalvanometern vorkommt, für praktische Zwecke genügend genau stimmen. Es ist dabei vorausgesetzt, daß die Dämpfung des Galvanometers durch den Schließungskreis nicht merklich beeinflußt wird.

$$\xi_* = \frac{\pi}{\sqrt{2}\,A}\,\xi_0 = 2{,}22\,\frac{\xi_0}{A}\,{}^{1)} \qquad A = 2{,}22\,\frac{\xi_0}{\xi_*} = 2{,}22\,\frac{1}{V}$$

$$\xi_n = \xi_0\,\frac{\sqrt{2}}{n^2 - 1} \qquad \frac{\xi_*}{\xi_n} = \frac{(n^2 - 1)}{2}\cdot\frac{\pi}{A}\,,$$

für $n = 3$

$$\xi_3 = \xi_0 \cdot 0{,}178 \qquad \xi_* = \xi_3\,\frac{12{,}6}{A}\,,$$

für $n = 5$

$$\xi_5 = \xi_0 \cdot 0{,}059 \qquad \xi_* = \xi_5\,\frac{37{,}6}{A}\,,$$

$$\varrho = \frac{\sqrt{3}}{\pi}\cdot A = 0{,}55 \cdot A = 1{,}22\,\frac{1}{V} \qquad A = 1{,}82\,\varrho\,,$$

$$\vartheta = \frac{\ln 100}{A\,2\,f_*} = \frac{2{,}30}{A\,f_*} = \frac{1{,}27}{\varrho\,f_*}\,{}^{2)}.$$

Für die für den praktischen Gebrauch geeignete Resonanzbreite $\varrho = 0{,}01$ (1%) ergibt sich:

$$A = 0{,}0182 \qquad \xi_* = 122\,\xi_0 \qquad V = 122\,,$$

$$\xi_* = 695 \quad \xi_3 = 2080 \cdot \xi_5\,,$$

für $f_* = 50$ ist $\vartheta = 2{,}5\ s$.

Die obigen Gleichungen zeigen, daß mit abnehmender Dämpfung die Wechselstromempfindlichkeit steigt, die Resonanzbreite und die Empfindlichkeit den höheren Harmonischen gegenüber dagegen abnehmen und umgekehrt.

---

[1]) Diese Beziehung ist insofern bei Galvanometern mit auf Eisenkernen gewickelten Spulen nicht streng richtig, als bei Wechselstrom nicht der ganze Strom zur Erzeugung des Feldes dient, da ein Teil als Verluststrom zur Deckung der Wirbelstrom- und Hysteresisverluste für die Magnetisierung verlorengeht. Strenggenommen müßte der Wert von ξ_*, der sich aus dieser Formel ergibt, mit $\cos \psi$ multipliziert werden, wo ψ der Winkel zwischen Strom und dem von ihm erzeugten Fluß ist. Dieser Fehler ist aber nicht bedeutend, durch seine Vernachlässigung dürfte die von Schering und Schmidt (siehe l. c.) erhaltene kleine Differenz zwischen der direkt gemessenen Resonanzbreite und der aus ξ_* und ξ_0 berechneten bedingt sein.

[2]) Allgemein klingt ein Ausschlag auf den m-ten Teil ab in der Zeit $\vartheta_m = \ln m / A\,2\,f_*$.

III. Verschiedene Ausführungsformen des Wechselstrom-kompensators.

Wie in der Einleitung (S. 1) erwähnt wurde, rührt der älteste bekannt gewordene Versuch der Anwendung der Kompensationsmethode bei Wechselstrommessungen von Franke her[1]), der nach diesem Verfahren das Verhältnis der EMKe (bzw. deren Teile) bestimmt, die in zwei Ankern eines besonderen Doppelgenerators induziert werden. Die Maschine von Franke[2]) besteht im wesentlichen aus einem Gleichstromantriebsmotor und zwei Wechselstromgeneratoren, die eine gemeinschaftliche Erregerwicklung besitzen. Die Phasenverschiebung der gegeneinander zu kompensierenden EMKe wird durch Verdrehen des Stators eines der Generatoren erreicht. Die Änderung der EMK des zweiten Generators wird dadurch bewerkstelligt, daß man den Stator in axialer Richtung verschiebt und dadurch mehr oder weniger aus dem Bereich des Erregerfeldes herauszieht. Die Maschine von Franke wird noch heute in der Fernsprechtechnik benutzt.

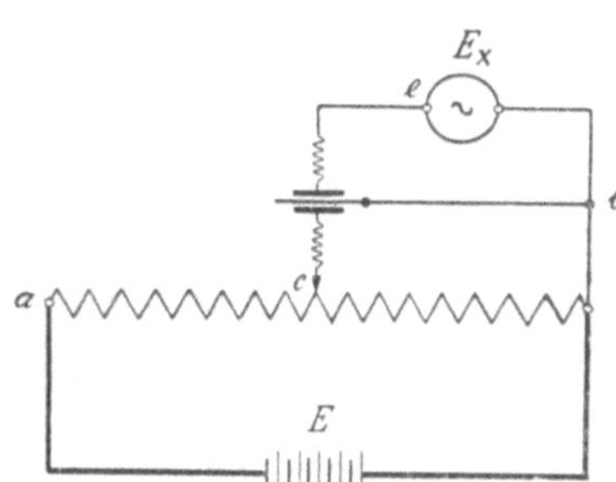

Abb. 2. Kompensation einer Wechselspannung gegen eine Gleichspannung.

Drysdale[3]) beschreibt verschiedene Abarten der Kompensationsmethode, und zwar erwähnt er zuerst eine Methode, die er als Kompensation einer Wechselspannung gegen eine Gleichspannung bezeichnet[4]), diese Schaltung zeigt die Abb. 2. Der Meßstrom wird in diesem Fall von einer Akkumulatorenbatterie erzeugt. Als Nullinstrument dient ein Elektrometer, welches im Schaltbild der Übersichtlichkeit halber in Form eines Blattelektrometers dargestellt ist. Das eine Quadrantenpaar ist an Punkt c, das andere an e und die Nadel an den Punkt b angeschlossen. Auf diese Weise ist der Ausschlag der Nadel proportional der Differenz der Effektivwerte E_x der zu messenden Wechselspannung und der Kompensationsspannung E_c. Sind die beiden Spannungen gleich, so ist der Ausschlag des Elektrometers Null. Um den Nullpunkt des Instrumentes zu bestimmen, werden die beiden Quadrantenpaare verbunden. Damit in diesem Fall kein starker Ausgleichsstrom in der Verbindungsleitung ec fließt, sind zwischen den Quadranten und e bzw. c sehr hohe Widerstände (einige Megohm) eingeschaltet.

---

[1]) Siehe Fußnote 1, S. 1.
[2]) Die Maschine wird von S. & H. fabriziert und ist bis $f \approx 2000$ verwendbar.
[3]) Siehe Fußnote 3, S. 1.
[4]) Diese Methode wurde zuerst von Drewell angegeben (siehe Orlich an der in Fußnote 2, S. 1 angegebenen Stelle).

Diese Methode wäre richtiger als Differentialmethode zu bezeichnen [1]). Ferner erwähnt Drysdále, daß an Stelle des Elektrometers auch ein Gleichstrominstrument unter Zwischenschaltung von Thermoelementen in Differentialschaltung oder dgl. verwendet werden kann. In diesem Fall ist aber deutlich zu sehen, daß die Methode keine eigentliche Kompensationsmethode mehr ist.

Die von Drysdale selbst ausgearbeitete Methode beruht auf der Erregung eines normalen Gleichstromkompensators mit Wechselstrom und ist im wesentlichen ähnlich wie die vom Verfasser benutzte und weiterhin genau beschriebene. Zur Einstellung der richtigen Phasenlage benutzte Drysdale einen Phasenschieber, der primär zwei Wicklungen hat, die beide an der gleichen Wechselspannung liegen, und zwar die eine unter Vorschaltung eines Ohmschen Widerstandes, die andere unter Vorschaltung eines Kondensators. Ferner wird die zu messende Spannung vom gleichen Generator erzeugt, was die Anwendungsmöglichkeiten der Meßanordnung sehr beschränken dürfte. Am Schlusse seiner Abhandlung beschreibt Drysdale einen weiteren, vollkommeneren Apparat, der auf dem gleichen Prinzip beruht [2]).

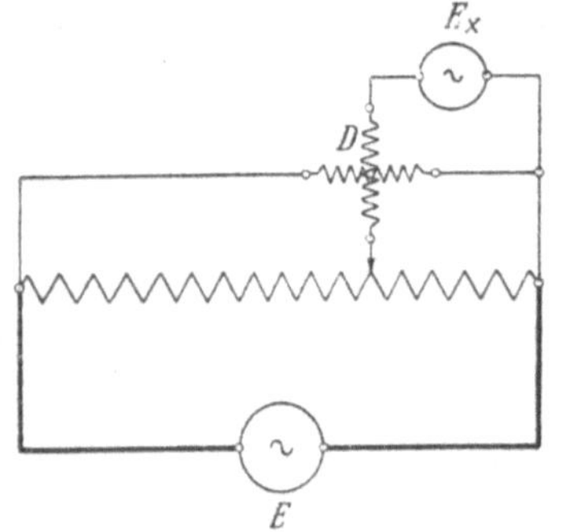

Abb. 3.   Kompensationsschaltung bei Verwendung eines Dynamometers als Nullinstrument.

Es sei noch erwähnt, daß Drysdale auch die Möglichkeit der Verwendung eines Elektrometers oder eines Dynamometers als Nullinstrument erörtert, wobei die Nadel des Elektrometers auf ein gegen die Quadranten hohes Potential gebracht wird oder die eine Spule des Dynamometers von einer separaten Stromquelle erregt wird. Die erste Schaltung ergibt sich z. B. wenn man in der Schaltung Abb. 2 an Stelle der Batterie eine Wechselspannung nehmen würde und die Nadel anstatt an den Punkt b an den Anfang des Meßwiderstandes a legen würde. Bei der zweiten Schaltung Abb. 3 würde die eine Spule des Dynamometers genau so geschaltet, wie das Vibrationsgalvanometer in Abb. 1, die zweite Spule dagegen z. B. parallel zum ganzen Meßwiderstand gelegt werden. Die beiden Schaltungen haben den Nachteil, daß der Ausschlag des Instrumentes nicht nur dann Null ist, wenn die Kompen-

---

[1]) Die Kompensationsmethode ist eigentlich auch nur eine Abart der Differentialmethode. Es wird aber meist als eigentliche Kompensationsmethode eine solche bezeichnet, bei der in jedem Moment zwei gegeneinander geschaltete Spannungen einander gleich sind, was bei der oben angeführten Methode nicht der Fall ist.

[2]) Dieser Apparat wird von H. Tinsley & Co., London, gebaut.

sation erreicht ist, sondern auch wenn die aus E_x und E_c resultierende Spannung bei der elektrometrischen Methode um 90° gegen die Nadelspannung verschoben ist, und entsprechend tritt dies beim Dynamometer dann ein, wenn die Ströme der beiden Spulen um 90° verschoben sind. Man muß sich also, nachdem der Ausschlag auf Null gebracht ist, durch Änderung der Phase der „Erregerspannung" bzw. des „Erregerstromes" davon überzeugen, ob die Kompensation wirklich erreicht ist. Als Vorteil könnte dagegen der Umstand bezeichnet werden, daß aus der Richtung des Ausschlages die Richtung der vorzunehmenden Abgleichung erkennbar ist.

Déguisne[1]) gibt zwei verschiedene Kompensationsmethoden an. Die erste ist für die Kompensation von Spannungen, die in Phase wenig gegeneinander verschoben sind, bestimmt. Es seien E_x und E_c solche Spannungen. In diesem Fall würde bei Änderung von E_c ein Minimum des Ausschlages des Nullinstrumentes dann erreicht sein, wenn der Vektor, der die Differenz der Spannungen E_x und E_c darstellt, senkrecht auf E_c fällt. Um den Ausschlag auf Null zu bringen, also eine wirkliche Kompensation zu erzielen, schaltet Déguisne im Kompensationskreis in Serie mit E_c eine Hilfsspannung, die senkrecht auf E_c steht. Dies erreicht er in der Weise, daß er in den Kompensationszweig die sekundäre · Spule eines kleinen, eisenfreien Transformators, dessen Primärwicklung vom Kompensationsstrom J_c durchflossen ist, schaltet. Die gegenseitige Lage der beiden Spulen kann verändert und dadurch die richtige Größe der Hilfsspannung erreicht werden, diesen kleinen Apparat nennt ·Déguisne Phasenschlitten. Die Methode ist im Grunde genommen die gleiche wie die von Robinson[2]) zur Prüfung von Spannungswandlern angegebene und eignet sich zur Messung von Phasendifferenzen bis etwa 2°, wobei eine ziemlich hohe Genauigkeit (etwa 0,1′) der Winkelmessung erreichbar zu sein scheint.

Zur Kompensation von Spannungen, die gegeneinander große Phasenverschiebung aufweisen, verwendet Déguisne eine Art Brückenschaltung. Die Methode erfordert aber eine ziemlich komplizierte Berechnung und dürfte auch ziemlich umständlich im Gebrauch sein; ferner wird die Spannung mit Stromverbrauch gemessen.

Beide Methoden sind in mancher Hinsicht recht interessant; für technischen Gebrauch sind sie jedoch kaum geeignet.

Zu erwähnen wäre noch das von V. O. Gibbon[3]) angegebene Verfahren. Dieses ist eigentlich eine Differentialmethode, die die Messung der Stärke eines Wechselstromes von beliebiger Kurvenform auf die eines Gleichstromes zurückzuführen erlaubt.

---

[1]) Siehe Fußnote 2, S. 2.
[2]) Robinson, Trans. Amer. Inst. Elec. Eng. **28**, 1005. 1909.
[3]) El. World, **71**, 979. Referat E. T. Z. **40**, 9. 1919.

IV. Die Apparatur des Verfassers.

Es wurden zwei verschiedene Einrichtungen benutzt: bei den Vorversuchen ein einfacher Kompensator mit einem Schleifdraht, bei den definitiven Messungen ein vollkommener mit Kurbelschaltern.

Der einfache, in der Versuchswerkstätte des Zählerlaboratoriums der SSW angefertigte Apparat wurde seit 1913 für verschiedene Laboratoriumsmessungen benutzt und hat sich für viele Zwecke als recht brauchbar erwiesen. Er besteht im wesentlichen aus einem Schleifdraht von 1 m Länge und 1 Ohm [1]) Widerstand und dem daran angeschlossenen Stöpselkasten von 9×1 Ohm, also Meßwiderstand $R = 10$ Ohm. Der Kompensationszweig ist einmal von dem Schleifkontakt, der auf dem Draht gleitet, das andere Mal von einem Punkt des Stöpselkastens mit Hilfe eines Stöpsels abgezweigt. Die Meßspannung wurde meist zu $E = 5$ Volt gewählt. Das Schaltbild der ganzen Apparatur zeigt die Abb. 4. Die äußere Schaltung sowie die verschiedenen Nebenapparate sind im wesentlichen die gleichen wie bei dem vollkommenen Apparat; es soll deshalb an dieser Stelle von der genauen Beschreibung dieser Anordnung abgesehen werden. Es sei noch bemerkt, daß sich infolge der kleinen Ohmzahl des Kompensationswiderstandes höhere Harmonische auch von kleiner Amplitude bemerkbar machten, so daß zur Verbesserung der Abgleichung eines der oben angeführten Mittel benutzt werden mußte.

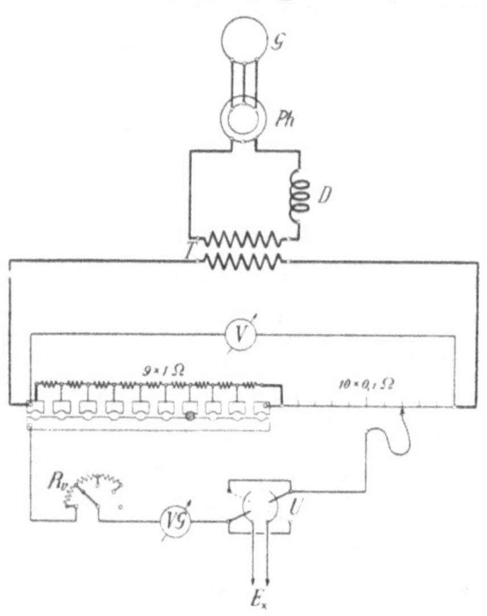

Abb. 4. Schaltbild des einfachen Kompensationsapparates.

Im folgenden wird die verbesserte Anordnung mit dem Kompensator mit Kurbelschaltern genau beschrieben.

a) Schaltung.

Das generelle Schaltbild der ganzen Apparatur zeigt die Abb. 5. Der eigentliche Kompensationsapparat ist dabei nur schematisch

---

[1]) Die genaue Abgleichung auf 1 Ohm ist durch Parallelschaltung eines dünnen Abgleichdrahtes zu dem Schleifdraht, der allein etwas mehr als 1 Ohm Widerstand besitzt, erreicht worden. Diese Methode ist beim Kompensationsapparat ohne weiteres zulässig.

gezeichnet. Der Kompensator wird von dem Generator GI eines Maschinensatzes gespeist, der aus zwei Wechselstromgeneratoren und
einem Gleichstrommotor, die miteinander starr gekuppelt sind, besteht. An den Generator GI ist über Sicherungen und Schalter
ein Phasenschieber Ph angeschlossen. An den gleichen Leitungen
liegen noch zwei Frequenzmesser F. An der Sekundärseite des
Phasenschiebers sind in Serienschaltung ein Isolierwandler T und
Drosselspulen D_1 zur Reinigung der Kurve angeschlossen. Die
Sekundärspule des Isolierwandlers führt zu dem doppelpoligen Um-

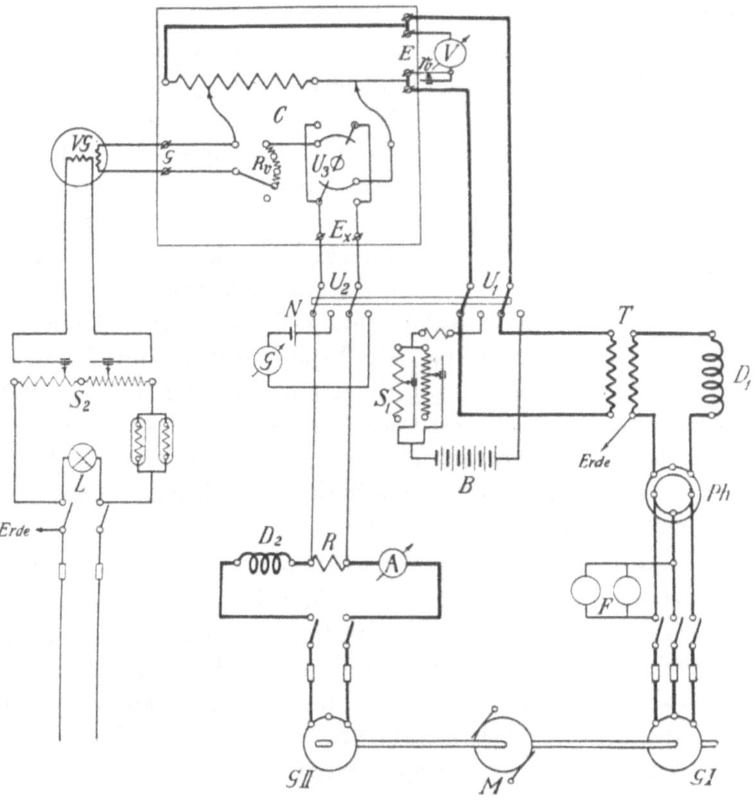

Abb. 5 Allgemeines Schaltbild der Kompensationseinrichtung.

schalter U_1. An U_1 ist außerdem unter Zwischenschaltung zweier
Schiebewiderstände S_1 eine Akkumulatorenbatterie B ($E \approx 20$ Volt)
angeschlossen. Mit Hilfe des Umschalters U_1 kann der eigentliche
Kompensator C wahlweise an den Isolierwandler oder an die Batterie
angeschlossen werden.

Zur Konstanthaltung der Meßspannung dient das an die Klemmen E
des Kompensators angeschlossene Voltmeter V. Zum Justieren des-

selben dient ein kleiner Vorschaltwiderstand r_v. An den Klemmen G des Apparates liegt das Vibrationsgalvanometer VG, dessen Erregerwicklung von zwei als Spannungsteiler geschalteten Schiebewiderständen S_2 abgezweigt ist. Die Widerstände S_2 liegen in Serie mit zwei parallel geschalteten Variatoren (Eisenwiderständen) am Gleichstromnetz des Laboratoriums, wobei der an die Schiebewiderstände direkt führende Pol geerdet ist. Parallel zu den Schiebewiderständen und Variatoren liegt die Nernstlampe L der objektiven Ablesevorrichtung des Vibrationsgalvanometers. Auf diese Weise wird erreicht, daß durch Ausschaltung der Glühlampe gleichzeitig die Erregerwicklung des Galvanometers stromlos wird.

Der Kompensationszweig enthält im Innern des Kompensators Vorschaltwiderstände R_v, ferner den Umschalter U_3, der zur Kommutierung der unbekannten Spannung, die an den Klemmen E_x angeschlossen wird, dient. Die Klemmen E_x sind mit dem doppelpoligen Umschalter U_2 verbunden; an diesen Schalter ist einerseits die zu messende Spannung E_x, andererseits ein Normalelement N und in Serie damit ein Gleichstromgalvanometer G angeschlossen. Die Umschalter U_1 und U_2 sind miteinander mechanisch gekuppelt, so daß man gleichzeitig entweder die zu messende Wechselspannung E_x und den Isolierwandler oder das Normalelement und die Gleichspannung an den Kompensator legen kann. Die zweite Schaltung dient zur Eichung des Voltmeters V bzw. zur Bestimmung des Meßstromes J. Es sei bemerkt, daß bei beiden Schaltungen das Vibrationsgalvanometer im Kreise bleibt. (Wäre dasselbe für Gleichstrom genügend empfindlich, so könnte das besondere Gleichstromgalvanometer wegfallen.)

Die zu messende Spannung E_x wird von Apparaten entnommen, die an den zweiten Generator GII des Maschinensatzes angeschlossen sind, wobei die Schaltung dieser Apparate je nach dem auszuführenden Versuch verschieden ist. Für die meisten Zwecke kommt man damit aus, daß man an GII unter Vorschaltung von Drosseln D_2 und evtl. Zwischenschaltung von Stromwandlern mit entsprechendem Übersetzungsverhältnis die zu untersuchenden Apparate anlegt. In dem Schaltbild ist angenommen, daß die Spannung an einem induktionsfreien Widerstand R gemessen werden soll.

Die Regelung der Meßspannung und der zu messenden Spannung wird durch Änderung der Erregung der Generatoren bewerkstelligt, die Regelung der Drehzahl der Maschine durch Änderung der Erregung des Motors[1]).

---

[1]) Im Schaltbild sind die Erregerwicklungen der Maschine u. dgl. nicht gezeichnet. Als Stromquelle für den Motor und die Erregung der Generatoren diente bei allen Messungen eine besondere Batterie.

b) Beschreibung der einzelnen Apparate.

1. Der eigentliche Kompensator. Der Apparat wurde nach Angabe des Verfassers von Otto Wolff, Berlin, gebaut. Die Abb. 6 zeigt die äußere Ausführung des Apparates. Diese entspricht im allgemeinen der normalen Ausführung der Apparate von Wolff. Die innere Schaltung zeigt die Abb. 7. Sie ist im wesentlichen die gleiche wie die bei Gleichstromkompensationsapparaten meist angewandte. Ist der in der Abbildung rechts angedeutete Stöpsel gesteckt, so beträgt der Gesamtwiderstand des Kompensators, und zwar bei jeder Einstellung

Abb. 6. Der eigentliche Kompensationsapparat.

der Kurbeln und des Schleifkontaktes $R = 1500$ Ohm [1]). An den Kompensator wird normalerweise eine Spannung von 15 Volt angelegt, dann ist also der Strom im Kompensator $J = 10$ mA und die maximale Spannung, die gemessen werden kann, beträgt 15 Volt. Ist der Stöpsel gezogen, so wird noch ein Widerstand von 13 500 Ohm vorgeschaltet, dann ist also $R = 15\,000$ Ohm, bei 15 Volt Gesamtspannung ist $J = 1$ mA; die höchste Spannung, die gemessen werden kann, beträgt in diesem Fall 1,5 Volt. Diese Schaltung ist nur zur genauen Messung sehr kleiner Spannungen vorgesehen, setzt jedoch eine hohe Empfindlichkeit des Vibrationsgalvanometers voraus. Meist wird mit einem

---

[1]) Genau eigentlich 1500,1 Ohm.

Gesamtwiderstand von 1500 Ohm gearbeitet. Damit dabei durch zufälliges Lockerwerden des Stöpsels keine Fehler verursacht werden, ist noch eine Lasche vorhanden, mit der man die beiden Kontaktklötze des Stöpselwiderstandes durch Verschraubung kurzschließen kann. Die unbekannte Spannung wird über einen doppelpoligen Stromwender angeschlossen. Dieser erlaubt ein bequemes Kippen des Spannungsvektors um 180°. Im Kompensationszweig liegen vor dem Galvanometer Vorschaltwiderstände von 300, 5000 und 100 000 Ohm.

Der Kompensationszweig liegt einerseits an der Kurbel der 100-Ohm-Abteilung, die als ein einfacher Kurbelwiderstand mit 14×100 Ohm ausgeführt ist, andererseits am Schleifkontakt. Die Zwischenabteilungen bestehen aus je 2×9 Widerständen von 10 bzw. 1 Ohm. Die eine

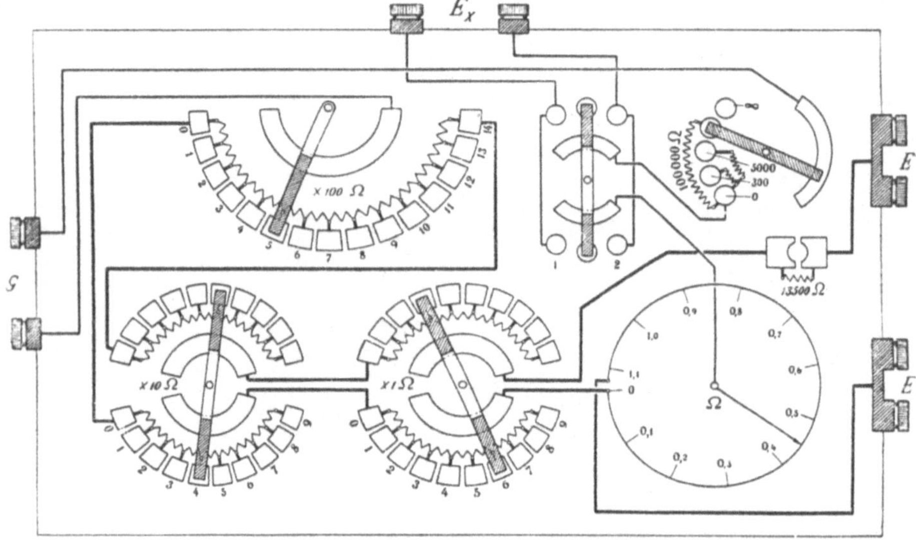

Abb. 7. Schaltung des Kompensationsapparates Abb. 6.

Hälfte der Widerstände liegt im Kompensationskreis, die andere außerhalb desselben. Beim Ändern der Kurbelstellung wird im äußeren Stromkreis stets der gleiche Widerstand eingeschaltet, wie im Kompensationswiderstand ausgeschaltet.

Der Widerstand des Schleifdrahtes wurde zu etwas mehr als 1 Ohm ($\approx 1{,}1$ Ohm) gewählt, weil auf diese Weise bei jedem Wert der unbekannten Spannung ein bequemes Einstellen des Minimums möglich ist. Ein Skalenintervall der Teilung des Schleifdrahtes entspricht $0{,}01\ \Omega$.

Alle Widerstände sind aus Manganin. Die Widerstände von 1, 10 und 100 Ohm sind in der üblichen Weise bifilar auf Metallrohre gewickelt. Der Widerstand von 13 500 Ohm ist auf drei Einzelwiderstände verteilt, die auf Porzellanzylindern in Abteilungen mit abwechselnder Wicklungsrichtung unifilar gewickelt sind.

2. Der Phasenschieber. Der Phasenschieber, Type MDT 94 der SSW (s. Abb. 10), an den der Kompensator angeschlossen ist, ist im wesentlichen ein Drehstrommotor mit festgehaltenem Läufer, der nach Belieben verdreht werden kann. Von der listenmäßigen Ausführung unterscheidet sich der Apparat dadurch, daß die Schleifringe fortgelassen und die Wicklungsenden direkt durch die hohle Welle ausgeführt sind. Die Enden sind durch ein biegsames Kabel an die Klemmen der Maschinenleitungen angeschlossen. Ferner ist die sonst normalerweise benutzte Einrichtung· zum Verdrehen des Stators so abgeändert, daß die Grobeinstellung stetig vorgenommen werden kann und die Feinverstellung außerordentlich fein ist, wie dies bei Kompensationsmessungen nötig ist und vom Aufstellungsort des Kompensators aus betätigt werden kann. Die Einrichtung erlaubt auch die kleinen Verdrehungen des Rotors genau zu messen. Außerdem ist eine Skala und ein Zeiger zur Ablesung größerer Phasenverschiebungen angebracht.

Auf dem konzentrisch zur Achse des Apparates abgedrehten Rande des Lagerschildes ist eine Skala mit Teilung in elektrischen Graden aufgeschraubt. Auf dem vorstehenden Ende der Achse ist ein Arm mit einem Zeiger, der über der Skala hinweggleitet, befestigt; auf demselben Ende der Achse ist drehbar ein Hebel befestigt. Derselbe kann durch eine Flügelschraube auf der Achse festgeklemmt werden. In der Nähe des Endes dieses Hebels greift eine Spiralfeder an, deren anderes Ende an einem festen Winkel befestigt ist. Diese Feder drückt den Hebel gegen die Schraube eines auf einem zweiten Winkel befestigten Mikrometers an. Diese Schraube ist unter Zwischenschaltung eines kardanischen Gelenkes mit einer Steuerstange verbunden, die in der Nähe des Kompensationsapparates mit einem Handrad endet. Die Endfläche der Mikrometerschraube ist eben geschliffen und gehärtet, an der Berührungsstelle ist auf dem Hebel ein Ring mit einem kugelförmigen, gleichfalls gehärteten Ansatz befestigt.

Der Abstand r des Angriffpunktes der Schraube von der Läuferachse ist so gewählt, daß eine Umdrehung einer Phasenverschiebung von 0,5 elektrischen Graden entspricht. Auf der Teilung läßt sich $\frac{1}{50}$ einer Umdrehung, also 0,01° ablesen. An der Stirnfläche der Achse ist ein Handhebel angebracht.

Soll eine Grobverstellung der Phase vorgenommen werden, so wird die Flügelschraube gelöst und der Läufer mit Hilfe des Hebels eingestellt. Auf diese Weise läßt sich sehr schnell eine Einstellung auf einige Zehntelgrad genau vornehmen. Nach so erfolgter Grobeinstellung wird die Schraube festgezogen und durch Drehen am Handrad der Steuerstange unter Vermittlung der Mikrometerschraube die Feineinstellung vorgenommen. Bei dieser Anordnung ist kaum ein toter Gang vorhanden.

3. Isolierwandler. Der Isolierwandler Abb. 8 besteht aus einem Eisenkern (normaler Meßwandlerkern) aus legiertem Blech. Die primären und sekundären Wicklungen sind auf getrennten Spulenkörpern aus Pappe gewickelt. Der innere Durchmesser der Sekundärspule ist so groß, daß der Kern durch sie frei hindurchgeht. Sie ist auf zwei großen Isolatoren montiert, die Enden der Wicklungen führen zu Klemmen, die auf einem gleichgroßen Isolator sitzen. Auf diese Weise ist eine sehr vollkommene Isolation der Sekundärwicklung erreicht.

4. Drosselspule zur Reinigung der Kurve der Meßspannung. Die in Abb. 5 mit D_i bezeichnete Drossel besteht aus 13 aufeinandergelegten, in Serie geschalteten, scheibenförmigen Spulen[1]). Windungszahl jeder Spule $s = 176$; Kupferdraht $d = 2{,}0$ mm; der äußere Durch-

Abb. 8.   Isolierwandler.

messer der Spulen $d_a \approx 28$ cm; der innere $d_i \approx 17{,}5$ cm; die Höhe $h \approx 2$ cm; der Widerstand der ganzen Drossel $R \approx 3$ Ohm; der Selbstinduktionskoeffizient $L \approx 0{,}6$ H.

5. Voltmeter. Der zur Einstellung bzw. Konstanthaltung der Meßspannung dienende Spannungsmesser ist ein Hitzdrahtvoltmeter von H. & B., Type Cv, mit den Meßbereichen (Vollausschlag) 3, 7,5 und 15 Volt; es wird bei Meßbereich 15 Volt und Vollausschlag benutzt und hat bei dieser Schaltung einen Widerstand von etwa 50 Ohm. Es ist vorgesehen, an Stelle dieses Instrumentes ein dynamometrisches, zweckmäßigerweise astatisches Voltmeter (oder evtl. Amperemeter zur Konstanthaltung des Meßstromes) mit unterdrücktem Nullpunkt zu benutzen. Dasselbe würde eine größere Genauigkeit in der Einstellung des Meßstromes zulassen, war aber zur Zeit nicht zu be

---

[1]) Spulen von einem Leistungswandler.

schaffen. Es läßt sich aber auch mit dem benutzten Hitzdrahtvoltmeter, wenn die Kontrolle mit Gleichstrom genügend oft ausgeführt wird (etwa jede 15 Minuten), eine Genauigkeit der Einstellung von $1^0/_{00}$ mit Sicherheit erreichen (s. hierzu Tab. 5).

Der dem Voltmeter vorgeschaltete Widerstand r_v (s. Abb. 5) ist als Drahtschleife ausgebildet, die nach Bedarf durch einen Schleifkontakt teilweise kurzgeschlossen werden kann.

6. Frequenzmesser. Es wurden zwei Frequenzmesser benutzt. Für Messungen, bei denen es auf die Einhaltung der Frequenz nicht genau ankommt, sowie zur Grobeinstellung der Frequenz überhaupt wurde ein normaler Zungenfrequenzmesser der Laboratoriumstype von S. & H. benutzt. In Fällen, in welchen die Frequenz sehr genau eingehalten werden muß, also z. B. bei der Bestimmung der Größe eines Flusses aus der in einer Prüfspule induzierten EMK, wobei die Frequenz direkt als Faktor eingeht, wurde ein tragbarer Frequenzmesser (Type Qt) von H. & B. mit einer besonderen vom Verfasser angegebenen Zungenanordnung benutzt. Dieser enthält eine Zungenreihe mit neun Gruppen zu je drei Zungen. Zwischen jeder Gruppe befindet sich eine Lücke von der Breite einer Zunge. Die Zungen sind auf die folgenden Frequenzen (Sollwerte) abgestimmt:

14,95	15	15,05	29,9	30	30,1	44,9	45	45,1
19,95	20	20,05	34,9	35	35,1	49,9	50	50,1
24,95	25	25,05	39,9	40	40,1	54,9	55	55,1

In bekannter Weise können die Zungen durch Nähern eines permanenten Magneten polarisiert und auf diese Weise für die doppelte Frequenz brauchbar gemacht werden, so daß der ganze Meßbereich des Instrumentes die runden Werte der Frequenz zwischen 15 und 110 umfaßt. Die benachbarten Nebenzungen dienen nur zur scharfen Einstellung der mittleren Hauptzungen.

7. Vibrationsgalvanometer. Zu Anfang wurde das Vibrationsgalvanometer von Schering und Schmidt mit einer im Feld eines permanenten Magneten befindlichen Schleife benutzt[1]. Dieses Instrument hat sich im allgemeinen gut bewährt, ist aber bei Messungen, bei denen die Frequenz geändert werden muß, wegen der immerhin umständlichen Abstimmung etwas unbequem. Deshalb wurde bei den späteren Versuchen das neuerdings von Schering und Schmidt angegebene Vibrationsgalvanometer mit elektromagnetischer Abstimmung verwendet[2].

Das Instrument wurde in der Versuchswerkstätte des Zählerlaboratoriums der SSW gebaut und ist im wesentlichen so ausgeführt wie

---

[1] Schering und Schmidt, Arch. f. Elektr. **1**, 254. 1912.
[2] Z. f. Instr. **38**, 1. 1918. E. T. Z. **39**, 410. 1918.

das Originalinstrument. Es sei auch an dieser Stelle Herrn Professor Dr. Schering für die freundliche leihweise Überlassung des Musterinstrumentes bestens gedankt. Jede der vier Wechselstromspulen hat $s = 1000$ Windungen Kupferdraht von $d = 0,23$ mm. Der Widerstand aller Spulen in Serie geschaltet ist $R \approx 60$ Ohm. Die zwei Spulen der Gleichstromerregerwicklung sind aus demselben Draht gewickelt und haben gleichfalls 1000 Windungen. Widerstand beider Spulen in Serie $R \approx 86$ Ohm. Für das Instrument wurden verschiedene Einsätze angefertigt. Bei den meisten Messungen kommt man mit dem Einsatz für die Frequenz $f \approx 15 \div 100$ aus (Nadel aus Eisenblech 0,18 mm stark, 4 mm hoch und 4,5 mm lang).

Die Art der Aufstellung des Instrumentes zeigt die Abb. 9. In die Wand des Beobachtungsraumes ist ein U-Eisen einzementiert. Auf diesem Träger ist, durch Hartgummi und Glimmer isoliert, eine runde, gußeiserne Grundplatte befestigt, auf welcher unter Zwischenschaltung einer kegelförmig gewickelten Stahlfeder ein schwerer Bleiklotz sitzt. Das Instrument selbst steht auf drei auf dem Bleiklotz aufgestellten Hartgummifüßen. Die Zuleitungen zu der Wechselstrom- bzw. Gleichstromwicklung sind durch je ein Messingrohr hindurchgeführt, das von der Grundplatte durch eine Hartgummidurchführung gut isoliert ist. An diesen Durchführungen sind die Anschlußklemmen befestigt. Die Zuleitungen sind mit den Klemmen des Instrumentes durch dünne Silberbänder verbunden. Das Ganze ist durch einen auf der Grundplatte ruhenden Mantel aus legiertem Blech abgeschirmt, der mit einem Deckel aus Gußeisen versehen ist (s. Abb. 10). Der Mantel hat nur eine kleine Öffnung für die Beobachtung des Spiegels.

Abb. 9. Vibrationsgalvanometer und dessen Aufstellung (Schutzmantel abgenommen).

Diese Aufstellungsart wurde gewählt, um die Möglichkeit zu haben, auch mit Schaltungen zu arbeiten, bei denen das Vibrationsgalvanometer ein hohes Potential gegen Erde hat. In diesem Fall kann die vom Träger isolierte Grundplatte und der Schutzmantel auf das Potential der Wechselstromwicklung des Instrumentes gebracht werden. Durch Verbindung des Mantels mit der Grundplatte des Vibrationsgalvanometers und Zwischenschieben eines besonders geformten Bleches zwischen die Wechselstrom- und die Gleichstromwicklung kann dann eine vollkommene elektrostatische Schirmung des Instrumentes erreicht werden. Dadurch sollen Kapazitäts- und Isolationsströme unterdrückt werden.

Es besteht auch die Möglichkeit, ohne Verbindung der Grundplatte des Galvanometers mit dem Mantel zu arbeiten, wenn die Gleichstromwicklung von einer von Erde gut isolierten und auf das Potential der Wechselstromwicklung gebrachten Batterie gespeist ist. Um auch in dieser Schaltung arbeiten zu können, sind die Regler für die Erregerwicklung isoliert aufgestellt und so dimensioniert, daß sie unter Verwendung einer anderen Erregerwicklung und einer niedervoltigen Stromquelle als Vorschaltwiderstände benutzt werden können.

Beim Arbeiten mit dem Wechselstromkompensator ist bis jetzt kein Bedürfnis eingetreten, von diesen Einrichtungen Gebrauch zu machen, so daß für normale Zwecke die Aufstellung einfacher gehalten werden kann.

Die Aufstellung auf der Stahlfeder hat sich sehr gut bewährt[1]) und dürfte der gebräuchlichen Aufstellung auf Gummibällen u. dgl. vorzuziehen sein.

8. Verschiedenes. Die genaue Beschreibung der übrigen Nebenapparate dürfte sich erübrigen, da dieselben von normaler, allgemein bekannter Bauart sind.

Als Gleichstromgalvanometer wird ein kleines Zeigergalvanometer mit Spitzenlagerung von S. & H. benutzt; das Normalelement ist ein Westonelement mit bei $4°$ gesättigter Kadmiumsulfatlösung. Die zur Regulierung dienenden Schiebewiderstände sind von S. & H., die übrigen

---

[1]) Es möge hier erwähnt werden, daß ohne die oben beschriebene Vorrichtung zum Aufstellen, ein Arbeiten mit dem Vibrationsgalvanometer infolge der Erschütterungen durch die Straßenbahn und besonders Lastkraftwagen, sowie die im Keller unterhalb des Beobachtungsraumes befindlichen Maschinen nicht möglich war. Eine dieser Maschinen, ein kleiner Motorgenerator von etwa 3 kW Leistung, bestehend aus einem Gleichstrom-Antriebsmotor und einem vierpoligen Drehstromgenerator, hat, wenn die Frequenz des Wechselstromes gleich der Abstimmungsfrequenz des Galvanometers war, Ausschläge des Instrumentes von mehreren Millimetern verursacht, trotzdem der Abstand dieses, auf einem besonderen Fundament stehenden Maschinensatzes von dem Galvanometer etwa 30 m beträgt.

Regler sind die normalen, bei Maschinen verwendeten Typen von SSW, sie sind jedoch besonders fein abgestuft.

Zum Teil war die Wahl der benutzten Apparate durch schon vorhandene Teile bedingt.

Abb. 10. Ansicht der Kompensationseinrichtung.

c) Allgemeine Anordnung.

Die gesamte Aufstellung der Apparatur zeigt Abb. 10, die kaum einer weiteren Erläuterung bedarf. Es sei nur bemerkt, daß der auf der Abbildung nicht sichtbare Isolierwandler sich in einer Entfernung von etwa 3 m von der Meßanordnung befindet, die zur Reinigung der Kurve benutzten Drosseln sind in einer Entfernung von etwa 10 m aufgestellt, so daß eine Beeinflussung durch die Streufelder dieser Apparate nicht eintreten kann. Der guten Isolation aller Teile ist eine besondere Sorgfalt gewidmet. Bei Messungen an Apparaten, die hohe Spannung gegen Erde haben, müßten evtl. noch ähnliche Maßnahmen, wie die bei der Besprechung der Aufstellung des Galvanometers erwähnten, getroffen werden. Sie würden sich auf statisches Abschirmen der Apparate und Leitungen beschränken. Meist kann jedoch durch Erdung oder Zwischenschaltung eines Wandlers die Spannung gegen Erde klein gehalten werden.

d) Ausführung der Messung.

Diese geht wie folgt vor sich. Zuerst werden die gekuppelten Umschalter U_1 und U_2 (Abb. 5) auf „Gleichstrom" geschaltet; die Meßspannung wird so eingestellt, daß das Voltmeter V einen bestimmten Ausschlag (etwa Vollausschlag) zeigt. Daraufhin wird das Normalelement kompensiert. Aus dem abgelesenen Wert R_N des Kompensationswiderstandes ergibt sich die Größe des Meßstromes. Durch Änderung des Vorschaltwiderstandes r_v vor dem Voltmeter kann erreicht werden, daß der Meßstrom einen runden Wert hat. Zur Vornahme der eigentlichen Wechselstrommessung werden die Umschalter U_1 und U_2 umgelegt und dann die Kompensation vorgenommen.

Zuerst wird das Minimum des Ausschlages durch Veränderung des Kompensationswiderstandes eingestellt, wobei diejenige Stellung des Umschalters U_3 gewählt wird, bei der die bessere Einstellung erreicht werden kann. Daraufhin wird die Abgleichung der Phase vorgenommen. Dann wird wieder R_c geändert und dies wird so lange fortgesetzt, bis die völlige Kompensation erreicht ist, wobei man allmählich den Vorschaltwiderstand R_v im Galvanometerkreis vermindert. Bei einiger Übung ist die Kompensation sehr rasch erreicht.

Bei sehr genauen Spannungsmessungen sind am abgelesenen Wert des Kompensationswiderstandes folgende Korrektionen anzubringen (s. hierzu Tab. 1):

1. Korrektion k_K, bedingt durch die Ungenauigkeit des Kompensationswiderstandes. Als solche kommt nur bei kleinen Werten von R_c (etwa $R_c < 10\ \Omega$) der **Kaliberfehler des Schleifdrahtes** in Frage.

2. Korrektion, verursacht durch die **Fehler des Voltmeters** zur Einstellung der Meßspannung. Diese Korrektion berechnet sich auf Grund folgender Überlegung.

Sind für einen und denselben Ausschlag des Voltmeters, entsprechend einem Meßstrom J', bei der Abgleichung mit dem Normalelement von der EMK E_N und bei der Messung der unbekannten Spannung E_x die

Werte des Kompensationswiderstandes R_N' bzw. R_c', die Sollwerte dagegen R_N bzw. R_c entsprechend dem Meßstrom J, so bestehen offenbar die folgenden Beziehungen:

$$E_x = R_c' J_c' = R_c' \frac{E_N}{R_N'} = R_c J_c = R_c \frac{E_N}{R_N}$$

oder

$$R_c = R_c' \frac{R_N}{R_N'} \; .$$

Setzt man

$$R_c = R_c' + k_N \quad \text{und} \quad R_N = R_N' + \varDelta , \quad \text{also} \quad \varDelta = R_N - R_N' ,$$

so ist

$$R_c' + k_N = R_c' \frac{R_N' + \varDelta}{R_N'}$$

oder

$$k_N = R_c' \left(1 + \frac{\varDelta}{R_N'} - 1 \right) = R_c' \frac{\varDelta}{R_N'} \; .$$

Bei dem benutzten Apparat ist $J = J_c = 0,01$ oder $0,001$ A, es kann also für das Weston-Normalelement mit $E \approx 1,02$ V für kleine Werte von $\varDelta$ gesetzt werden $R_N' \approx 100$ bzw. $1000\,\Omega$, es ist dann $k_N \approx 0,01 \, R_c' \, \varDelta$ bzw. $0,001 \, R_c' \, \varDelta$.

e) Untersuchung der Apparatur.

Bevor man die Meßeinrichtung in Benutzung nahm, wurde dieselbe eingehend untersucht, und zwar erstreckte sich diese Untersuchung auf die Prüfung der einzelnen Teile sowie der ganzen Anordnung und Vornahme einer Reihe von Kontrollmessungen.

1. Kontrolle des eigentlichen Kompensators. Es wurden die mechanische Ausführung, die Schaltung und die einzelnen Widerstände kontrolliert:

Der 13 500-Ohm-Widerstand wurde mit Hilfe einer Wheatstonschen Präzisionsbrücke, die übrigen mit einem Feussner-Kompensator von S. & H. gemessen. Bei der Kontrolle der Meßwiderstände der 100, 10 und 1 Ohm-Abteilungen sowie des Gesamtwiderstandes des Schleifdrahtes wurden als Vergleichswiderstände Normalwiderstände von 100, 10 und 1 Ohm verwendet.

Keiner der Meßwiderstände hat eine größere Abweichung vom Sollwert als $0{,}1^0/_{00}$ gezeigt. Meist waren die Abweichungen noch geringer und übersteigen also kaum die Größe der Beobachtungsfehler.

Ferner wurde der Schleifdraht kalibriert, indem durch ihn ein Strom von 0,1 Ampere, der mit Hilfe eines Amperemeters konstant gehalten wurde, durchgeschickt und der Spannungsabfall zwischen dem

Anfang des Schleifdrahtes und dem Schleifkontakt bei Einstellung auf 0,1, 0,2 Ohm usw. bestimmt wurde. Der Gesamtwiderstand des Schleifdrahtes wurde zu 1,108 Ω gefunden, seine Kaliberfehler sind unbedeutend; sie sind in Tabelle 10 zusammengestellt. Der Widerstand der Verbindungsleitungen und Zuleitungen beträgt maximal etwa 0,005 Ohm.

Auf Grund dieser Resultate folgt, daß die Genauigkeit des Kompensationswiderstandes bei weitem ausreichend ist.

2. Eichung des Phasenschiebers. Der Phasenschieber ist vierpolig gewickelt, daraus ergibt sich, daß eine Verdrehung des Rotors um 0,5° räumlich einem elektrischen Grad entspricht. Zwecks Herstellung der Teilung wurde der Durchmesser des abgedrehten Lagerschildes bestimmt und auf Grund dieser Messung die Teilung auf Zelluloid angefertigt, wobei die Skalenintervalle etwas größer gewählt worden sind, als sie sich aus den Dimensionen ergeben [1]. Beim Aufschrauben der Teilung wurde dann unter dieselbe ein Streifen Preßspan von solcher Stärke gelegt, daß sich der richtige Wert eines Skalenteiles ergeben hat. Dieser wurde nach der weiter unten beschriebenen Methode ermittelt.

Für kleine Winkel δ ist die Verdrehung des Rotors proportional tg δ, also der Verdrehung der Mikrometerschraube. Ist h die Ganghöhe der Schraube, so berechnet sich der Abstand des Angriffspunktes der Schraube von der Drehachse des Rotors zu

$$r = \frac{h}{\mathrm{tg}\,0,5°}\;[2].$$ Vor der definitiven Aufstellung des Kompensators wurde mit Hilfe

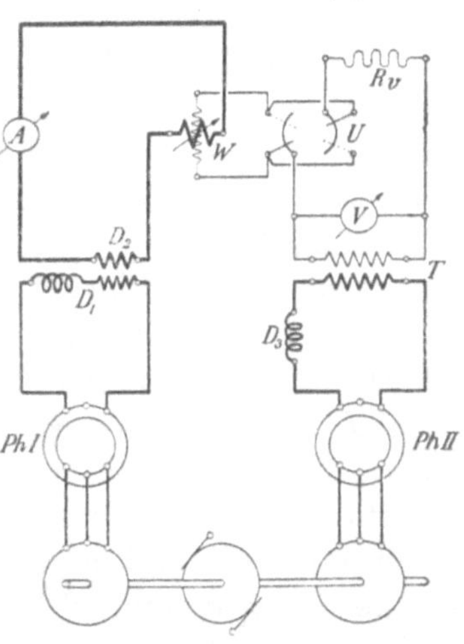

Abb. 11. Schaltung zur Eichung des Phasenschiebers.

eines Wattmeters eine genaue Eichung der Teilung vorgenommen. Die dabei benutzte Schaltung zeigt die Abb. 11.

Die Primärseite (Läufer) des zu eichenden Phasenschiebers $Ph\,I$ (Type MDT 94 der SSW) ist an einen der Drehstromgeneratoren des bei Messung mit dem Wechselstromkompensator benutzten Maschinensatzes angeschlossen [3]. Sekundär (an den Stator) sind 12 aufeinanderliegende in Reihe geschaltete, flache eisenfreie Drosselspulen D_1 zu je 210 Windungen angeschlossen. Zwischen die zehnte und elfte Spule sind zwei parallel geschaltete Spulen D_2 von gleicher Form eingeschoben.

---

[1] $d = 352,0 + 4,0 = 356,0$ mm (4,0 Zuschlag für Skalendicke und Unterlage) $1° = \dfrac{\pi}{2 \cdot 360} \cdot 356,0 = 1{,}55_3$ mm.

[2] h ist 0,5 mm, tg 0,5° = 0,008727, also $r = 114{,}58 \approx 114{,}6$ mm.

[3] Siehe Fußnote S. 24.

Auf diese Weise bilden die erstgenannten 12 Spulen die primäre Wicklung eines eisenfreien Transformators, die zwei letztgenannten die sekundäre. Der Transformator hat eine sehr große Streuung und ist deshalb im Schaltbild als ein Transformator mit vorgeschalteter Drossel angedeutet. Die sekundäre Wicklung ist über ein Amperemeter A und die Stromspule eines Wattmeters W geschlossen.

An den zweiten Generator desselben Maschinensatzes ist die Primärwicklung (Läufer) eines zweiten Phasenschiebers $Ph\,II$, der ähnlich wie der Phasenschieber $Ph\,I$, nur etwas größer ist (Type MDT 124), angeschlossen. An der Sekundärwicklung dieses Phasenschiebers liegt unter Vorschaltung von Drosselspulen D_3 die Primärwicklung eines Stromwandlers T mit dem Übersetzungsverhältnis 5/0,15 Ampere [1]). Die Drossel D_3 besteht aus 6 Stück aufeinandergelegten Spulen von der gleichen Form wie die oben erwähnten. An der Sekundärwicklung des Stromwandlers liegen in Parallelschaltung ein Voltmeter V und unter Zwischenschaltung eines Vorschaltwiderstandes R_v und eines Stromwenders U die Spannungsspule des Wattmeters. Der Phasenschieber II ermöglicht die Ströme in der Strom- und der Spannungsspule des Wattmeters bei Beginn einer Messung in eine solche Phase zu bringen, daß der Wattmeterausschlag während der Messung möglichst klein bleibt und dadurch eine große Genauigkeit der Winkelmessung erreicht wird.

Die Eichung ging wie folgt vor sich: Auf der Skala des Phasenschiebers I wurde ein Winkel β, beispielsweise $\beta = 10$ eingestellt. Dann wurde mit Hilfe des Phasenschiebers II der Wattmeterausschlag ungefähr auf 0 gebracht. Die Einstellung des Phasenschiebers II blieb dann während der ganzen Versuchsreihe unverändert. Die Stromstärke J, Spannung E und Frequenz f wurden konstant gehalten [2]), und zwar wurden zur Erreichung einer möglichst hohen Genauigkeit das Amperemeter und das Voltmeter genau auf einen Teilstrich eingestellt [3]). Der Ausschlag α_W des Wattmeters [4]) ist dann proportional dem Kosinus des Phasenverschiebungswinkels φ zwischen den Strömen in der Strom- und in der Spannungsspule oder proportional dem Sinus des Winkels $\gamma = 90° - \varphi$, wobei γ die Verdrehung des Phasenschiebers I gemessen in elektrischen Graden aus der Lage, bei der die beiden Ströme um 90° gegeneinander verschoben sind, bedeutet.

Bei der Verdrehung der Phasenschieber schwankt ihre sekundäre Klemmenspannung etwas, so daß bei der Messung die Erregung der

---

[1]) Trotz der hohen Sekundärspannung ($E \approx 120$ V) ist der Wandler als ein Stromwandler anzusehen.

[2]) Die Regelung erfolgte ausschließlich durch Ändern der Felderregung der Maschinen.

[3]) Vor der Messung wurde das Ampere-, Volt- und Wattmeter geeicht.

[4]) Je nach der Lage des Stromwenders U wurde bei der Messung der Winkel als positiv oder negativ angenommen.

Maschinen geändert werden muß. Ferner ändert sich naturgemäß die Phasenverschiebung in den Stromkreisen bei Änderung der Frequenz. Aus diesem Grunde wurde ein Vorversuch (der auch für die Messungen mit dem Kompensator wichtig ist) ausgeführt, bei dem der Einfluß der Änderung von E, J und f festgestellt worden ist. Die aus dem Ausschlag des Wattmeters sich ergebende Verschiebung, umgerechnet auf 1% Änderung der betreffenden Größe, sei mit δ unter Hinzufügung des der veränderten Größe entsprechenden Index bezeichnet. Diese Größen ergaben sich zu

$$\delta_E = 0{,}01_5° \qquad \delta_J = 0{,}01° \qquad \delta_f = 0{,}21° \;.$$

Die Änderung der Erregung der beiden Wechselstromgeneratoren ist also praktisch ohne Einfluß auf den Winkel. Der Einfluß der Frequenz ist etwas größer, jedoch auch belanglos, da die Frequenz mindestens auf $0{,}1\%$ genau konstant gehalten werden konnte. Dieser Einfluß der Frequenz ist durch die Verschiedenheit des Verhältnisses des Ohmschen zum induktiven Widerstande im Kreise der beiden Phasenschieber bedingt.

Die eigentliche Eichung erstreckte sich zunächst auf die Bestimmung der Verdrehung des Phasenschiebers, die einem Winkel $\gamma = 180°$ entspricht. Bei dieser Messung, bei der von der Einstellung $\beta = 10$ ausgegangen worden ist, wurde γ für $\beta = 7 \div 13$ Skalenteile von 1 zu 1 Skalenteil bestimmt, entsprechend für $\beta = 187 \div 193$. Die gefundenen Werte von γ wurden als Funktion von β graphisch aufgetragen und durch diese Punkte so gut als möglich eine gerade Linie gezogen. Der Schnittpunkt dieser Geraden mit der Abszissenachse ergibt die Werte

$$\beta_0 \text{ und } \beta_{180}, \quad \text{die} \quad \gamma = 0 \quad \text{bzw.} \quad \gamma = 180°$$

entsprechen. Die Differenz $\Delta\beta_{0/180} = \beta_{180} - \beta_0$ dieser Werte ist die Anzahl der Skalenteile für eine Phasenverschiebung von 180 elektrischen Graden.

$\Delta\beta_{0/180}$ wurde zu $179{,}75°$ gefunden, also liegt die Abweichung vom Sollwert (180) in der Größenordnung der Beobachtungsfehler. In ganz derselben Weise wurde daraufhin die Eichung des Phasenschiebers von 30 zu 30° ausgeführt und daraus die Größen $\Delta\beta_{0/30}$ berechnet. Die Summe dieser Werte ergibt wieder $\Delta\beta_{0/180}$, und zwar wurde $\Delta\beta_{0/180}$ $= 180{,}2°$ gefunden, also auch eine zu vernachlässigende Abweichung vom Sollwert. Die Eichung von 30 zu 30° erschien nötig, da das Resultat der Eichung bei 0 und 180° noch keinen sicheren Schluß auf die Richtigkeit der Zwischenwerte zuläßt. Um festzustellen, ob nicht Sprünge in kleinen Intervallen vorhanden sind, wurde ferner noch die Eichung eines Bogens von 10° von 0,5° zu 0,5° ausgeführt. Auch diese Messungen ergaben nur Abweichungen in der Größenordnung der

Beobachtungsfehler. Die einzelnen Meßwerte sind in Tab. 2 wiedergegeben.

Die Resultate zeigen, daß die Ablesung der Winkel in jeder Lage auf etwa 0,2° genau ist.

Es sei noch hervorgehoben, daß bei der angewandten Methode keinerlei Korrektionen wegen Phasenverschiebung im Spannungskreise des Wattmeters nötig sind. Dagegen müssen die Kurven des Stromes in der Strom- und Spannungsspule so gut wie möglich sinusförmig sein, da es bei der Messung auf die Phasenverschiebung der Grundwellen ankommt, der Ausschlag des Wattmeters dagegen von der äquivalenten Phasenverschiebung der verzerrten Wellen abhängt. Um die Kurven sinusförmig zu erhalten, wurden die Vorschaltdrosseln

Abb. 12. Kontaktapparat.

D_1 und D_3 angewandt. Die Analyse der mit Hilfe des Oszillographen aufgenommenen Kurven ergab, daß die Kurven fast genau sinusförmig waren. Die Abweichungen von der Sinusform übersteigen kaum die Meßfehler.

3. Eichung des Frequenzmessers. Der für genaue Messung der Frequenz bestimmte Frequenzmesser wurde geeicht, indem die Frequenz des Erregerstromes bei Resonanz für die Hauptzungen aus der Drehzahl des Generators bestimmt worden ist. Wie Vorversuche gezeigt haben, kann mit Hilfe der gewöhnlichen Umdrehungszähler und der Stoppuhr die angestrebte Genauigkeit nicht erreicht werden. Aus diesem Grunde wurde die Drehzahl mit Hilfe eines Drehspulchronographen mit zwei Schreibfedern und eines besonderen Kontaktapparates ausgeführt. Der Kontaktapparat Abb. 12 besteht aus einer mit der Welle der

Maschine gekuppelten Schnecke, deren Umdrehungen auf ein Schneckenrad mit 99 Zähnen übertragen werden[1]). Auf der Achse dieses Rades
sitzt ein Hebel, der bei jeder Umdrehung (also nach je 99 Umdrehungen
der Maschine) zwei Federn zusammendrückt und dadurch einen Kontakt schließt. Dieser Kontakt liegt in Serie mit einer der Drehspulen
des Chronographen und einem Vorschaltwiderstand von etwa $1000\ \Omega$
im Stromkreis einer Batterie von 2 Volt. Das Schließen und besonders
das Öffnen des Stromes erfolgt sehr genau. Die zweite Drehspule des
Chronographen wurde wie sonst an die Kontaktvorrichtung der Normal-
uhr angeschlossen.

Jede Messung dauerte etwa 100 Sekunden. Da die Ablesung auf
dem Streifen auf mindestens 0,02 Sekunden genau vorgenommen werden
kann, so ist also die Messung der Drehzahl auf mindestens $0,2\ ^0/_{00}$ genau.
Jede Meßreihe besteht aus drei Einzelbeobachtungen. Vor jeder Beobachtung wurde die Frequenz zuerst etwas geändert und dann von
neuem eingestellt, um völlig unabhängige Werte zu erhalten. Bemerkens-
wert ist, daß bei wiederholter Einstellung die Frequenz innerhalb der
Meßgenauigkeit stets den gleichen Wert besitzt. Als Resonanzfrequenz
wurde dabei eine solche angesehen, bei der das Schwingungsbild in bezug
auf die mittlere Zunge symmetrisch war. Die Meßwerte sind in Tab. 3
zusammengestellt.

4. Untersuchung des Vibrationsgalvanometers. Es wurden die
charakteristischen Kurven des Galvanometers aufgenommen. Von
der Wiedergabe derselben wurde abgesehen, da sie an und für sich
für das Arbeiten mit dem Wechselstromkompensator ziemlich unwesent-
lich sind; sie zeigen etwa den gleichen Verlauf wie die in der Abhandlung
von Schering und Schmidt enthaltenen[2]). Ferner wurde die Isolation
der einzelnen Wicklungen gegeneinander und gegen das Magnetgestell
bestimmt. Der Isolationswiderstand ist so hoch, daß beim Arbeiten
mit dem Kompensator keine merklichen Ströme zur Erde fließen können.

5. Untersuchung der Gesamtanordnung. Nach dem Aufbau aller
Apparate wurde zuerst untersucht, ob infolge der Isolations- und
Kapazitätsströme merkliche Stromübergänge zur Erde stattfinden.
Zu diesem Zwecke wurde der eine Pol des Isolierwandlers an
Erde, der andere über das Vibrationsgalvanometer an den Kompen-
sator gelegt. Es wurde dabei keine merkliche Ablenkung des Galvano-
meters festgestellt.

Ferner wurde die Kurvenform des Meßstromes bestimmt. Zu
diesem Zweck wurde zwischen den Kompensator und den Schalter U_1
(Abb. 5) ein induktionsfreier Normalwiderstand von 1 Ohm eingebaut und

---

[1]) Es wurde dabei ein vorhandenes Schneckenrad benutzt, bequemer wäre
natürlich die Zähnezahl 100.

[2]) l. c. (Fußnote 1, S. 17).

an diesen die Schleife des Oszillographen (normaler Oszillograph von
S. & H.) angeschlossen. Die Oszillogramme wurden bei einer Meßspannung
von 15 Volt und den Frequenzen 15, 50 und 100 aufgenommen. Es sei
bemerkt, daß man bei $f = 100$ den Oszillographenmotor mit der Hälfte
der synchronen Drehzahl ($n = 1500$) laufen ließ, da die Verwendung der
synchronen Drehzahl bedenklich erschien. Die aufgenommenen Kurven

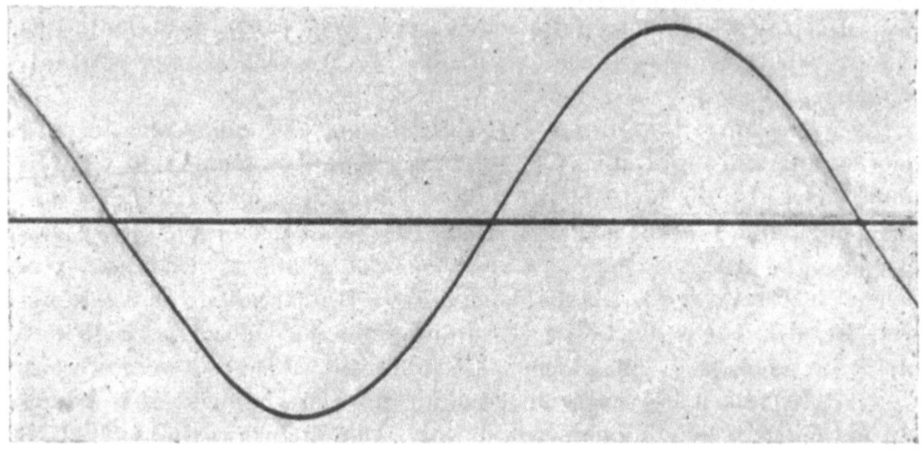

a) bei $f = 15$.

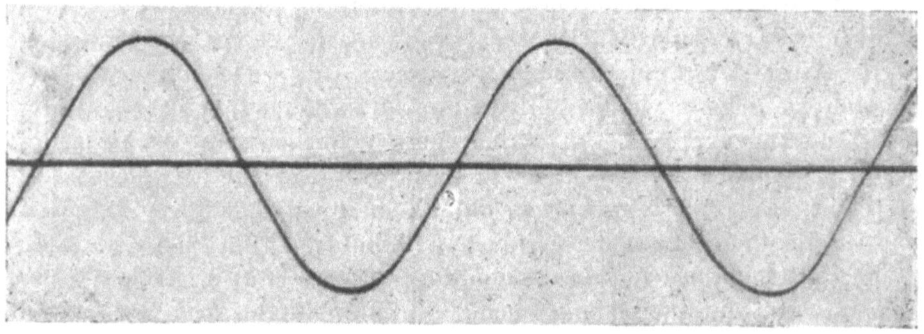

b) bei $f = 100$.
Abb. 13.   Oszillogramme des Meßstromes.

lassen keine merkliche Abweichung von der Sinusform erkennen.
Abb. 13a und 13b sind Photographien der Oszillogramme für $f = 15$
und $f = 100$ in etwa natürlicher Größe. Die aufgenommenen Kurven
wurden analysiert. Das Ausmessen der Oszillogramme geschah mit
Hilfe eines mit einem großen Kreuztische ausgerüsteten Mikroskopes
von Zeiss[1]). Die Berechnung wurde nach der Methode von Runge

---

[1]) Näheres soll an einer anderen Stelle berichtet werden.

ausgeführt[1]). In Tab. 4 sind die gemessenen Ordinaten für $0°$, $15°$, $30°$ usw., ferner die aus diesen berechneten Koeffizienten A_1, A_3 usw. der Gleichung der Kurve sowie die durch die Verzerrung der Kurve bei sinusförmigem Verlauf der zu messenden Spannung verursachten Fehler angeführt[2]).

Die Ergebnisse der Analyse der Kurven zeigen, daß der Meßstrom bei allen Frequenzen praktisch sinusförmig ist. Die beobachteten Abweichungen übersteigen kaum die Meßfehler und würden bei der Messung einer Spannung von absolut sinusförmigem Verlauf einen Fehler von nur etwa $0,1^0/_{00}$ zur Folge haben.

6. Kontrollmessungen. Es wurden unter verschiedenen Verhältnissen bekannte Spannungen und bekannte Winkel gemessen.

α) Messung von Spannungen von sinusförmigem Verlauf. Um voneinander unabhängige Resultate zu erhalten, wurden zwei verschiedene Anordnungen benutzt. Bei der ersten wurden Spannungsabfälle an Normalwiderständen bestimmt, die von einem mit Hilfe von dynamometrischen Amperemetern gemessenen Strom durchflossen waren. Bei der zweiten wurden Spannungsabfälle an einem Spannungsteiler gemessen, an dem die Gesamtspannung mit einem dynamometrischen Voltmeter bestimmt worden ist. In beiden Fällen wurde die Kurve der zu messenden Spannung durch Drosselspulen gereinigt. Die Instrumente wurden unmittelbar vor der Messung mit Gleichstrom geeicht. Ein Teil der Meßresultate ist in Tab. 5 wieder gegeben. Es ist zu ersehen, daß die Einzelwerte bei einer und derselben Messung von Spannungen über etwa 0,5 Volt auf wenige Zehntausendstel der gemessenen Größe untereinander übereinstimmen. Dies ist die Grenze der Genauigkeit, mit der man unter günstigen Verhältnissen die Einstellung des Zeigers auf einen Teilstrich der Skala bei guten Zeigerinstrumenten vornehmen kann.

Die mit dem Wechselstromkompensator gemessenen Werte stimmen meist innerhalb $1^0/_{00}$ mit den mit den Zeigerinstrumenten bestimmten überein, sie sind vorwiegend höher als die letzteren. Am größten sind die Differenzen bei der Messung bei $f = 75$ mit dem 5-A-Amperemeter. Diese Unterschiede sind auf die Abweichungen der Angabe der dynamometrischen Instrumente bei Wechselstrom gegenüber denen bei Gleichstrom zurückzuführen.

Auf Grund dieser Ergebnisse kann angenommen werden, daß man mit dem Wechselstromkompensator Spannungen bis 0,5 Volt herunter auf 0,5 bis $1^0/_{00}$ genau messen kann.

---

[1]) E. T. Z. **26**, 247, 1905; siehe auch Kittler - Petersen, „Allgemeine Elektrotechnik", Bd. II, S. 296.

[2]) Ein vollständiges Beispiel der Auswertung einer Kurve nach der gleichen Methode findet sich in Tab. 6.

Bei noch kleineren Spannungen ist die Genauigkeit entsprechend geringer. Es sei noch bemerkt, daß auch Messungen mit einem Meßstrom von 1 m A ausgeführt worden sind. Bei diesen hat sich herausgestellt, daß das Ergebnis dabei nicht genauer als bei Messungen mit 10 m A ist, da die letzten Stellen des Kompensationswiderstandes infolge zu geringer Empfindlichkeit des Galvanometers nicht mehr voll ausgenutzt werden können.

β) Messung einer Spannung von verzerrter Kurvenform. Diese wurde ausgeführt, um einen experimentellen Beweis für die Richtigkeit der über die Größe der Fehler, die durch Kurvenverzerrung verursacht werden, angestellten theoretischen Betrachtungen zu erbringen (s. S. 5). Es wurde der Spannungsabfall an einem induktionsfreien Normalwiderstand bestimmt, der von einem mit Hilfe eines dynamometrischen

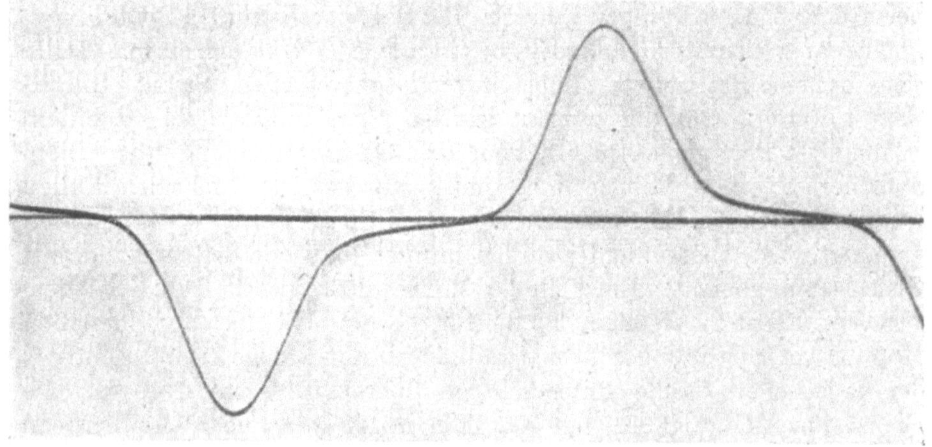

Abb. 14. Das Oszillogramm der verzerrten Kurve.

Amperemeters gemessenen Magnetisierungsstrom einer stark gesättigten Drossel durchflossen wurde. Den Verlauf der Spannungskurve zeigt Abb. 14.

Ohne Vorschaltwiderstand im Galvanometerkreis war die Abgleichung des Kompensators unsicher und nur sehr schwer zu erzielen. Es verblieb immer noch ein bedeutender Ausschlag des Vibrationsgalvanometers, der sich infolge von Interferenzerscheinungen fortwährend änderte. Eine Einstellung des Minimums war jedoch schon gut möglich, wenn man dem Galvanometer 5000 Ohm vorschaltete. Ferner wurde ein Versuch mit einer Drosselspule mit einem Ohmschen Widerstand von $R \approx 100$ Ohm und einem Selbstinduktionskoeffizienten $L \approx 10\ H$ ausgeführt. Bei dieser Schaltung war die Abgleichung sehr gut. Daraufhin wurde noch ein Kondensator in den Kompensationszweig eingeschaltet, wobei die Größe der Kapazität $(C \approx 1\,\mu F)$ so gewählt wurde, daß sich die Drossel und das Vibrationsgalvanometer mit dem Kondensator in Spannungsresonanz befanden. Bei dieser Schaltung war die Abgleichung sehr gut und die Anordnung war in bezug auf die Grundwelle sehr empfindlich. In allen drei Fällen ergab sich praktisch der gleiche Wert des Kompensationswiderstandes und der Einstellung des Phasenschiebers.

Aus der Angabe des Amperemeters und der Größe des Normalwiderstandes berechnet sich die mit dem Kompensator bei der Frequenz $f = 50$ gemessene Spannung zu $E_\mathfrak{S} = 1{,}008$ V. Der Kompensator war abgeglichen bei einem Kompensationswiderstand $R_c = 90{,}24\,\Omega$ (korrigierter Wert); dieser Wert entspricht dem Effektivwert der Grundwelle (s. S. 5). Dieser beträgt also $E_1 = 0{,}9024$ V.

Die Analyse ergab folgende Gleichung der Spannungskurve

$$
\begin{aligned}
e_t = {}& 17{,}62 \sin \omega t - 2{,}14 \sin 3\,\omega t - 1{,}25 \sin 5\,\omega t - 0{,}04 \sin 7\,\omega t \\
& + 0{,}05 \sin 9\,\omega t - 0{,}04 \sin 11\,\omega t - 6{,}86 \cos \omega t + 4{,}79 \cos 3\,\omega t \\
& + 4{,}60 \cos 5\,\omega t - 6{,}17 \cos 7\,\omega t - 3{,}98 \cos 9\,\omega t + 0{,}03 \cos 11\,\omega t .
\end{aligned}
$$

Aus dieser Gleichung berechnet sich der Effektivwert der verzerrten Kurve zu

$$
E = E_1 \cdot 1{,}1363, \quad \text{es ist also bei } E_1 = 0{,}9024\,\text{V} \quad E = 1{,}025\,\text{V}.
$$

Der Fehler der Kompensationsmessung wäre demnach

$$
\varDelta = \frac{E_1 - E}{E} \cdot 100 = \frac{0{,}9024 - 1{,}025}{1{,}025} \cdot 100 = -12{,}0\% .
$$

Legt man dagegen als Effektivwert der verzerrten Kurve den oben mit $E_\mathfrak{S}$ bezeichneten Wert 1,008 V zugrunde, so berechnet sich der Fehler zu

$$
\varDelta_\mathfrak{S} = \frac{E_1 - E_\mathfrak{S}}{E_\mathfrak{S}} \cdot 100 = \frac{0{,}9024 - 1{,}008}{1{,}008} \cdot 100 = -10{,}5\% .
$$

Die Differenz der beiden Werte ist also $\varDelta - \varDelta_\mathfrak{S} = -1{,}5\%$.

Diese Abweichung ist zum Teil auf die Ungenauigkeit der Kurvenanalyse, zum Teil auf die Abweichung der Angaben des Amperemeters bei verzerrtem Wechselstrom gegenüber den Angaben bei Gleichstrom (s. S. 41) zurückzuführen. Die Ergebnisse der Messungen zeigen deutlich die Richtigkeit der theoretisch abgeleiteten Beziehungen.

Die einzelnen Meßwerte und deren Auswertung sind in Tab. 6 zusammengestellt.

γ) **Messung bekannter Winkel.** Zur Kontrolle der Winkelmessung wurde folgender Versuch gemacht. In Serie mit einem Ohmschen Widerstand R (Präzisionskurbelkasten bzw. Normalwiderstand) wurden bekannte Induktivitäten L (Normale der Selbstinduktion) geschaltet. Es wurde die Einstellung des Phasenschiebers bei der

Messung der Klemmenspannung an R und an der Serienschaltung von R und L bestimmt. Die Differenz der beiden Einstellungen ergibt die Phasenverschiebung zwischen Strom und Spannung in dieser Serienschaltung. Der Sollwert des Winkels läßt sich aus den bekannten Werten der Widerstände Induktivität und Frequenz berechnen.

Ferner wurde der Winkel zwischen dem Strom in der Primärwicklung einer Normalen der gegenseitigen Induktion und der sekundär induzierten Spannung gemessen.

Die Übereinstimmung der gemessenen und berechneten Werte ist im allgemeinen eine ziemlich gute. Die Differenzen bei Winkeln bis etwa 100', die an dem Mikrometer abgelesen werden, liegen unterhalb 2% des gemessenen Wertes; diejenigen bei großen Winkeln bis etwa 90°, die auf der Skala abgelesen werden, betragen etwa $0{,}5° \div 1°$.

In Tab. 7 sind beispielsweise die Resultate der Messung kleiner Winkel wiedergegeben.

f) Schlußbemerkungen.

Die Resultate der Kontrollmessungen zeigen, daß der Wechselstromkompensator in der benutzten Form allen praktischen Anforderungen genügt. Die Voraussetzung zur Ausführung genauer Messungen ist eine genügend reine Kurvenform, die sich jedoch meist leicht erzielen läßt.

Eine weitere Verbesserung der Apparatur ist in zwei Richtungen anzustreben. 1. Anwendung eines besseren Instrumentes zur Messung. bzw. Konstanthaltung der Meßspannung oder des Meßstromes (s. hierzu S. 28), 2. Verbesserung des Phasenschiebers, und zwar einerseits in der Beziehung. daß beim Verdrehen desselben die Klemmenspannung praktisch konstant bleibt, andererseits, daß die Verdrehung genau proportional dem Phasenverschiebungswinkel wird. In dieser Beziehung scheint der Phasenschieber von Drysdale günstiger zu sein als der vom Verfasser benutzte.

Ferner dürfte es für einige Zwecke empfehlenswert sein, die Schaltung so zu treffen, daß man mit demselben Apparat auch Gleichstromspannungen messen kann. Dies ist sehr leicht möglich, wurde jedoch bis jetzt einerseits deshalb nicht gemacht, weil kein Bedürfnis dafür vorlag, da in demselben Raum eine vollständige, sehr vollkommene Kompensationseinrichtung für Gleichstrom aufgestellt ist und weil andererseits keine gut isolierte Batterie für den Meßstrom zur Verfügung stand[1]).

---

[1]) Während des Druckes der vorliegenden Arbeit ist das Bedürfnis entstanden, die Meßeinrichtung in einem anderen Raum aufzubauen und auch für Gleichstrommessungen brauchbar zu machen. Zu diesem Zwecke erhielten die

Ein Zusammenbau des Phasenschiebers und anderer Apparate zu einem Ganzen mit dem eigentlichen Kompensator, wie dies bei dem Apparat von Drysdale der Fall ist. dürfte sich nicht empfehlen, da die Apparatur dadurch weniger universell verwendbar wird und die Kontrolle der einzelnen Teile erschwert sei.1 dürfte; ferner sind schädliche gegenseitige Beeinflussungen der einzelnen Teile zu befürchten.

Umschalter U_1 und U_2 (s. Abb. 5) je eine dritte Stellung. Die entsprechenden Kontakte wurden bei U_1 so angeschlossen, daß auch bei der dritten Stellung der Kompensator an der Batterie liegt. Die Schaltung von U_2 wurde so getroffen, daß bei der ersten Stellung die zu messende Wechselspannung angelegt werden kann, bei der zweiten das Gleichstromgalvanometer und das Normalelement und bei der dritten die zu messende Gleichspannung und dasselbe Gleichstromgalvanometer. Als Akkumulatorenbatterie B werden transportable, gut gegen Erde isolierte Zellen benutzt. Das Gleichstromzeigergalvanometer wurde durch ein Spiegelinstrument von kurzer Schwingungsdauer ersetzt. Es möge an dieser Stelle hervorgehoben werden, daß im allgemeinen bei stationären Einrichtungen ein Spiegelgalvanometer einem Zeigergalvanometer vorzuziehen ist, da es einerseits gegen gelegentlich vorkommende stärkere Stromstöße unempfindlicher ist und andererseits bei der gleichen Meßgenauigkeit nicht so genau abgelesen zu werden braucht. Die oft vertretene Ansicht, daß ein Zeigergalvanometer eine raschere Messung erlaubt, ist entschieden nicht richtig.

Ferner ist die Verwendung eines neuen Phasenschiebers vorgesehen. Dieser soll kleiner als der oben beschriebene sein; außerdem soll durch Schrägstellung der Nuten und Vergrößerung des Luftspaltes eine bessere Proportionalität der Verdrehung in elektrischen Graden und der räumlichen Verdrehung, sowie eine bessere Konstanz der Spannung erreicht werden. Als Instrument zur Einstellung der Meßspannung soll ein dynamometrisches Voltmeter mit unterdrücktem Nullpunkt oder ein dynamometrisches Amperemeter, gleichfalls mit unterdrücktem Nullpunkt, verwendet werden. Im letzten Falle ist geplant, die Meßspannung von einem in Serie mit dem Amperemeter liegenden induktionsfreien Widerstand abzugreifen.

Tabellen.

----

1. Korrektionen bei Spannungsmessungen.

(Hierzu s. S. 33.)

R'_c abgelesener Wert des Kompensationswiderstandes,

R_c korrigierter ,, ,, ,,

$$R_c = R'_c + k_N + k_K$$

k_N Korrektion infolge der Abweichung des Meßstromes J vom Sollwert

für $J = 0,01\ A$, $\qquad\qquad$ $k_N = 0,01\ R'_c \varDelta$

für $J = 0,001\ A$, $\qquad\qquad$ $k_N = 0,001\ R'_c \varDelta$

$\varDelta = R_N - R'_N$, wobei R'_N der Wert des Kompensationswiderstandes bei der Abgleichung des Normalelementes, R_N dessen Sollwert ist,

k_K Kaliberkorrektion des Schleifdrahtes.

$\varDelta$ für $R_N = 101,86\,\varOmega$ $\qquad [E_N = 1,0186\,\mathrm{V}\,{}^{1})\ J = 0,01\,A]$

R_N	$\varDelta$									
	0	1	2	3	4	5	6	7	8	9
101,0	+0,86	85	84	83	82	81	80	79	78	77
101,1	0,76	75	74	73	72	71	70	69	68	67
101,2	0,66	65	64	63	62	61	60	59	58	57
101,3	0,56	55	54	53	52	51	50	49	48	47
101,4	0,46	45	44	43	42	41	40	39	38	37
101,5	0,36	35	34	33	32	31	30	29	28	27
101,6	0,26	25	24	23	22	21	20	19	18	17
101,7	0,16	15	14	13	12	11	10	09	08	07
101,8	+0,06	05	04	03	02	01	00	—01	—02	—03
101,9	—0,04	05	06	07	08	09	10	11	12	13
102,0	0,14	15	16	17	18	19	20	21	22	23
102,1	0,24	25	26	27	28	29	30	31	32	33
102,2	0,34	35	36	37	38	39	40	41	42	43
102,3	0,44	45	46	47	48	49	50	51	52	53
102,4	0,54	55	56	57	58	59	60	61	62	63
102,5	0,64	65	66	67	68	69	70	71	72	73
102,6	0,74	75	76	77	78	79	80	81	82	83
102,7	—0,84	85	86	87	88	89	90	91	92	93

Kaliberkorrektionen des Schleifdrahtes.

Ablesung am Schleifdraht	k_K	Ablesung am Schleifdraht	k_K
0.0	+ 0,008	0,6	+ 0,006
1	13	7	05
2	12	8	03
3	11	9	03
4	09	1,0	02
5	08	07	02

2. Eichung des Phasenschiebers.

(Hierzu s. S. 35.)

Bezeichnung:

E Spannung, J Stromstärke, α_W Ausschlag des Wattmeters, β Einstellung des zu eichenden Phasenschiebers, $\sin\gamma = \dfrac{\alpha_W C}{E J}$, wobei C die Wattmeterkonstante bedeutet. β_0, β_{30} und β_{180} Einstellungen des Phasenreglers für $\gamma = 0°$, $\gamma = 30°$ und $\gamma = 180°$, $\varDelta\beta_{30,0} = \beta_{30} - \beta_0$; $\varDelta\beta_{180,0} = \beta_{180} - \beta_0$.

[1] Für das benutzte Normalelement wurde die EMK zu $E = 1,01865$ V bestimmt.

Benutzte Meßinstrumente:

Dynamometrisches Voltmeter für 150 Volt, $R = 2500\ \Omega$, $1° = 1\,\mathrm{V}$; dynamometrisches Amperemeter für 5 Ampere, $1° = 0{,}05\,\mathrm{A}$.; Wattmeter für 5 A., 30 V. Widerstand des Spannungskreises $1000\ \Omega$, Vorschaltwiderstand $R_v = 3000\ \Omega$, $1° = 4\,\mathrm{W}$ $(C = 4)$.

I. Abhängigkeit des Winkels γ von E, J und f[1]).

Meßreihe	f	E	J	α_W	$\sin\gamma$	γ	$\Delta\gamma$
A	50	100	4,5	0,0	0,0000	0,0	+ 0,0
	50	110	4,5	0,0	0,0000	0,0	+ 0,3
	50	120	4,5	+ 0,7	+ 0,0052	+ 0,3	
B	50	110	4,0	— 0,1	+ 0,0009	— 0,05	+ 0,05
	50	110	4,5	0,0	0,0000	0,0	+ 0,15
	50	110	5,0	+ 0,3	+ 0,0022	+ 0,15	
C	45	110	4,5	+ 4,2	+ 0,0341	+ 1,9	— 2,0
	50	110	4,5	— 0,2	— 0,0016	— 0,1	— 2,1
	55	110	4,5	— 4,8	— 0,0389	— 2,2	

Änderungen von γ bei 1% Änderung von E, J und f sind demnach

$$\delta_E = \frac{0{,}3}{20} = 0{,}015°\qquad \delta_J = \frac{0{,}05 + 0{,}15}{20} = 0{,}01°\qquad \delta_f = \frac{2{,}05 + 2{,}1}{20} = 0{,}21°.$$

II. Eichung bei $\beta = 10$ und $\beta = 190$.

$f = 50$; $E = 109{,}85\,\mathrm{V}$[2]); $J = 4{,}485\,\mathrm{A}$[3]); $\sin\gamma = \alpha_W \cdot 0{,}008120$.

β	α_W	$\sin\gamma$	γ
7	— 6,0	— 0,0487	— 2,8
8	— 3,7	— 0,0300	— 1,7
9	— 1,7	— 0,0138	— 0,8
10	+ 0,6	+ 0,0049	+ 0,3
11	+ 2,8	+ 0,0227	+ 1,3
12	+ 5,1	+ 0,0414	+ 2,4
13	+ 7,2	+ 0,0585	+ 3,35
187	+ 5,4	+ 0,0438	+ 2,5
188	+ 3,0	+ 0,0244	+ 1,4
189	+ 1,0	+ 0,0081	+ 0,5
190	— 1,0	— 0,0081	— 0,5
191	— 3,2	— 0,0260	— 1,5
192	— 5,3	— 0,0430	— 2,5
193	— 7,4	— 0,0601	— 3,45

Die graphische Auswertung ergibt $\beta_0 = 9{,}75°$, $\beta_{180} = 189{,}5°$,   also $\Delta\beta_{180/0} = 179{,}75°$.

---

[1]) Instrumentenkorrektionen vernachlässigt.
[2]) $\alpha_V = 110{,}0$ (Korr. — 0,15).
[3]) $\alpha_A = 90{,}0$ (Korr. — 0,3).

III. Eichung von 30° zu 30°.

$$f = 50; \quad E = 109{,}85 \text{ V}[1]); \quad J = 4{,}485 \text{ A}[2]); \quad \sin\gamma = \alpha_W \cdot 0{,}008120 \, .$$

Meßreihe	β	α_W	$\sin\gamma$	γ
A	7	—6,1	—0,0495	—2,8
	8	—3,9	—0,0317	—1,8
	9	—1,7	—0,0138	—0,8
	10	0,2	0,0016	0,1
	11	2,6	0,0211	1,2
	12	4,8	0,0390	2,2
	13	7,0	0,0568	$3{,}2_5$
	37	57,1	0,4635	27,6
	38	59,1	0,4795	$28{,}6_5$
	39	61,2	0,4968	29,8
	40	63,0	0,5115	$30{,}7_5$
	41	64,9	0,5267	31,8
	42	66,6	0,5405	32,7
	43	68,7	0,5575	33,9
B	37	—6,8	—0,0552	—3,2
	38	—4,6	—0,0373	—2,1
	39	—2,2	—0,0179	—1,0
	40	0,0	0,0000	0,0
	41	1,8	0,0146	0,8
	42	4,0	0,0325	$1{,}8_5$
	43	6,4	0,0520	3,0
	67	56,0	0,4546	27,0
	68	58,0	0,4709	28,1
	69	59,9	0,4863	29,1
	70	61,5	0,4990	29,9
	71	63,7	0,5170	31,1
	72	65,6	0,5325	$32{,}1_5$
	73	67,2	0,5456	$33{,}0_5$
C	67	—6,0	—0,0487	—2,8
	68	—3,7	—0,0301	—1,7
	69	—1,7	—0,0138	—0,8
	70	0,2	0,0016	0,1
	71	2,6	0,0211	1,2
	72	4,7	0,0382	2,2
	73	6,8	0,0552	3,2
	97	55,3	0,4490	26,7
	98	57,4	0,4660	27,8
	99	59,5	0,4830	28,9
	100	61,3	0,4977	$29{,}8_5$
	101	63,0	0,5116	30,8
	102	64,8	0,5260	$31{,}7_5$
	103	66,7	0,5415	32,8

Meßreihe	β	α_W	$\sin\gamma$	γ
D	97	—5,8	—0,0471	—2,7
	98	—3,5	—0,0284	—1,6
	99	—1,4	—0,0114	$—0{,}6_5$
	100	0,7	0,0057	0,3
	101	2,6	0,0211	1,2
	102	4,8	0,0390	2,2
	103	7,1	0,0576	3,3
	127	55,4	0,4497	26,7
	128	57,5	0,4667	27,8
	129	59,2	0,4806	28,7
	130	61,0	0,4953	29,7
	131	63,0	0,5116	30,8
	132	64,8	0,5260	$31{,}7_5$
	133	66,7	0,5413	32,8
E	127	—6,3	—0,0512	—2,9
	128	—4,1	—0,0333	—1,9
	129	—2,0	—0,0162	—0,9
	130	0,2	0,0016	0,1
	131	2,2	0,0179	1,0
	132	4,6	0,0373	$2{,}1_5$
	133	6,6	0,0536	3,1
	157	55,8	0,4530	$26{,}9_5$
	158	57,7	0,4683	27,9
	159	59,9	0,4862	29,1
	160	61,7	0,5010	$30{,}0_5$
	161	63,5	0,5156	$31{,}0_5$
	162	65,2	0,5295	32,0
	163	67,2	0,5456	$33{,}0_5$
F	157	—6,8	—0,0552	—3,2
	158	—4,7	—0,0382	—2,2
	159	—2,2	—0,0179	—1,0
	160	0,0	0,0000	0,0
	161	1,7	0,0138	0,8
	162	3,8	0,0308	1,8
	163	6,2	0,0504	2,9
	187	56,0	0,4546	$27{,}0_5$
	188	58,1	0,4717	$28{,}1_5$
	189	59,9	0,4862	29,1
	190	61,8	0,5018	30,1
	191	63,7	0,5170	31,1
	192	65,7	0,5333	32,2
	193	67,4	0,5474	33,2

[1]) Siehe Fußnote 2 S. 49.
[2]) Siehe Fußnote 3 S. 49.

Die Auswertung der Resultate ergibt folgende Werte von β_0, β_{30}, $\Delta\beta_{30/0}$ und $\Delta\beta_{180/0}$.

Meßreihe	β_0	β_{30}	$\Delta\beta_{30/0}$
A	9,8	39,3	29,5
B	40,1	70,0	29,9
C	69,8	100,2	30,4
D	99,7	130,2	30,5
E	129,9	160,0	30,1
F	160,1	189,9	29,8

$$\Delta\beta_{180/0} = \Sigma\Delta\beta_{30/0} = 180,2°$$

IV. Eichung von 0,5° zu 0,5°.

$f = 50$; $E = 109,85 \text{ V}$ [1]); $J = 4,485 \text{ A}$ [2]); $\sin\gamma = \alpha_W \cdot 0,00812_0$.

β	α_W	$\sin\gamma$	γ	$\Delta\gamma$
50,0	0,0	0,0000	0,0	
50,5	1,2	0,0097	0,6	0,6
51,0	2,5	0,0203	1,2	0,6
51,5	3,6	0,0292	1,7	0,5
52,0	4,7	0,0382	2,2	0,5
52,5	5,7	0,0463	$2,6_5$	$0,4_5$
53,0	6,8	0,0552	3,2	$0,5_5$
53,5	7,8	0,0633	3,6	0,6
54,0	8,9	0,0723	4,1	0,5
54,5	10,1	0,0820	4,7	0,4
55,0	11,3	0,0917	$5,2_5$	$0,5_5$
55,5	12,3	0,0999	5,7	$0,4_5$
56,0	13,5	0,1096	6,3	0,6
56,5	14,3	0,1161	6,7	0,4
57,0	15,4	0,1250	7,2	0,5
57,5	16,3	0,1323	7,6	0,4
58,0	17,5	0,1421	8,2	0,6
58,5	18,5	0,1502	$8,6_5$	$0,4_5$
59,0	19,5	0,1583	9,1	$0,4_5$
59,5	20,6	0,1672	9,6	0,5
60,0	21,6	0,1753	10,1	0,5

3. Eichung des Zungenfrequenzmessers.
(Näheres s. S. 38.)

Bezeichnungen:

Frequenz: f_S Sollwert, f' gemessener Einzelwert, f Mittelwert aus mehreren Beobachtungen.

z Anzahl der auf den Chronographenstreifen abgelesenen Umdrehungen des Schneckenrades der Kontaktvorrichtung,

Umdrehungszahl der Maschine $u = z \cdot 99$,

t_o und t_z die der ersten und letzten Marke entsprechenden Zeiten.

---

[1]) Siehe Fußnote 2 S. 49.

[2]) Siehe Fußnote 3 S. 49.

Da der Generator sechspolig ist, so ist

$$f = \frac{u}{t} \cdot 3 = \frac{297\,z}{t}, \quad \text{wobei} \quad t = t_z - t_o.$$

Nr.	Bezeichnung der Zunge	$f_\mathfrak{S}$	z	t_z	t_o	t	f'	f
1	15 / 30	30	11	108,66	0,03	108,63	30,07	30,07
			11	108,70	0,07	108,63	30,07	
			15	148,23	0,03	148,20	30,06	
2	20 / 40	20	8	119,64	0,65	118,99	19,97	19,97
			7	104,60	0,48	104,12	19,97	
			8	119,67	0,70	118,97	19,97	
3	20 / 40	40	14	104,92	0,92	104,00	39,98	39,97
			14	104,09	0,07	104,02	39,97	
			14	104,10	0,06	104,04	39,97	
4	25 / 50	50	14	84,33	0,90	83,43	49,88	49,86
			17	101,79	0,54	101,25	49,87	
			17	101,55	0,23	101,32	49,83	
5	30 / 60	60	25	124,23	0,77	123,46	60,14	60,12
			25	123,47	0,01	123,46	60,14	
			25	124,40	0,83	123,57	60,09	
6	35 / 70	35	15	127,90	0,42	127,48	34,95	34,95
			13	110,93	0,45	110,48	34,95	
			14	119,93	0,95	118,98	34,95	
7	35 / 70	70	28	119,26	0,37	118,89	69,95	69,96
			28	119,39	0,54	118,85	69,96	
			28	119,76	0,92	118,84	69,98	
8	40 / 80	80	29	109,06	0,90	108,16	79,63	79,67
			29	108,38	0,28	108,10	79,67	
			29	108,68	0,51	108,07	79,70	
9	40 / 80	80	33	123,30	0,26	123,04	79,65	79,65
			33	123,53	0,48	123,05	79,65	
			34	127,82	0,84	126,98	79,52 ?	
10	45 / 90	90	41	135,86	0,55	135,31	89,99	90,00
			37	122,66	0,53	122,13	89,98	
			43	141,89	0,04	141,85	90,03	
11	50 / 100	100	41	122,03	0,13	121,90	99,89	99,87
			41	122,42	0,49	121,93	99,87	
			47	140,57	0,76	139,81	99,84	
12	55 / 110	110	56	150,73	0,03	150,70	110,36	110,31
			45	121,77	0,60	121,17	110,30	
			49	132,55	0,59	131,96	110,28	
13	55 / 110	55	23	124,19	0,16	124,03	55,07	55,06
			21	113,52	0,23	113,29	55,05	
			24	129,58	0,10	129,48	55,05	
14	55 / 110	110	45	121,69	0,40	121,29	110,19	110,18
			41	111,13	0,59	110,54	110,16	
			44	119,14	0,55	118,59	110,19	

Bei der Bildung des Mittelwertes für Messung Nr. 9 wurde der dritte Einzelwert unberücksichtigt gelassen.

Bei der Messung Nr. 14 ist es gelungen, die Frequenz genauer konstant zu halten, als bei der Messung Nr. 12. Aus diesem Grunde soll bei der Bildung des Hauptmittels dem Resultate der Messung Nr. 12 das halbe Gewicht beigelegt werden.

Als Endresultate der Eichung sollen folgende Werte angenommen werden.

Bezeichnung der Zunge	f
15 / 30	15,03 / 30,07
20 / 40	19,98 / 39,96
25 / 50	24,93 / 49,86
30 / 60	30,06 / 60,12
35 / 70	34,96 / 69,93
40 / 80	39,83 / 79,66
45 / 90	45,00 / 90,00
50 / 100	49,93 / 99,87
55 / 110	55,09 / 110,18

4. Analyse der Kurven des Meßstromes.

(Hierzu S. 39.)

Ordinaten y_1, y_2, y_3 usw. in mm für 15°, 30° usw.

Koeffizienten A_1, A_3 ... usw. der Gleichungen der Kurven.

Index von y	y		
	$f = 15$	$f = 50$	$f = 100$
1	$7{,}0_3$	$7{,}0_4$	$5{,}3_3$
2	$13{,}5_5$	$13{,}9_0$	$10{,}7_0$
3	$19{,}2_4$	$20{,}0_5$	$15{,}3_0$
4	$24{,}0_3$	$24{,}4_7$	$18{,}7_3$
5	$27{,}1_3$	$26{,}9_0$	$20{,}7_0$
6	$28{,}1_6$	$27{,}5_0$	$21{,}0_0$
7	$27{,}0_3$	$26{,}6_0$	$20{,}3_0$
8	$24{,}2_5$	$23{,}8_5$	$18{,}3_0$
9	$19{,}9_8$	$19{,}4_0$	$14{,}9_0$
10	$14{,}2_1$	$13{,}5_0$	$10{,}3_4$
11	$7{,}4_0$	$6{,}8_5$	$5{,}0_2$

	Ordnung der Harm.	A bzw. B		
		$f = 15$	$f = 50$	$f = 100$
A	1	$27{,}9_5$	$27{,}6_7$	$21{,}1_9$
	3	$-0{,}1_3$	$-0{,}0_3$	$-0{,}0_5$
	5	$0{,}0_1$	$-0{,}1_9$	$-0{,}1_9$
	7	$0{,}0_1$	$0{,}0_0$	$-0{,}0_2$
	9	$0{,}0_1$	$0{,}0_0$	$-0{,}0_6$
	11	$0{,}0_0$	$0{,}0_1$	$0{,}0_0$
B	1	$-0{,}2_6$	$-0{,}2_3$	$0{,}2_0$
	3	$0{,}0_7$	$-0{,}1_9$	$-0{,}1_3$
	5	$0{,}1_3$	$-0{,}1_2$	$-0{,}1_1$
	7	$0{,}0_2$	$0{,}1_1$	$-0{,}0_8$
	9	$0{,}0_0$	$-0{,}0_1$	$-0{,}0_1$
	11	$0{,}0_3$	$-0{,}0_1$	$-0{,}0_3$

f	$\bar{e}_1^2 = A_1^2 + B_1^2$	$\Sigma \bar{e}_n^2 = A_3^2 + A_5^2 + \cdots + B_3^2 + B_5^2 + \cdots$	$\varDelta = 50 \cdot \dfrac{1}{\bar{e}_1^2} \Sigma \bar{e}_{\prime\prime}^2$ $^o/_o$
15	781,5	0,108	$0{,}00_7$
50	762,5	0,118	$0{,}00_8$
100	449,0	0,119	$0{,}01_3$

5. Kontrolle der Genauigkeit der Spannungsmessung.

(Hierzu s. S. 41.)

Bezeichnungen:

α_A bzw. α_V Ausschlag des Amperemeters bzw. Voltmeters; J_1 und J_2 bzw. E_1 und E_2 bei der Eichung mit dem Gleichstromkompensator bei verschiedener Stromrichtung gemessene Werte der Stromstärke bzw. Spannung.

$$J = \frac{J_1 + J_2}{2} \qquad \text{bzw.} \qquad E = \frac{E_1 + E_2}{2}.$$

R_N' Kompensationswiderstand bei der Abgleichung mit dem Normalelement;

$R_N = 101{,}86\ \Omega$ Sollwert desselben bei $J_c = 0{,}01$ A;

R Widerstand, an dem die Spannung gemessen worden ist;

R_c' Kompensationswiderstand bei der Wechselstrommessung;

$R_c = R_c' + k_N + k_K$ dessen Sollwert;

$k = 0{,}01\ \Delta\ R_c'$, Δ und k_K nach Tabelle 10.

A. Messung des Spannungsabfalles an Normalwiderständen, die vom Strom J durchflossen sind.

Apparate:

Amperemeter: Dynamometrisches Amperemeter für 2,5 und 5 A, desgleichen für 12,5 und 25 A.

Widerstände: Induktionsfreie Normalwiderstände, Spezialtype für Meßwandleruntersuchung, R_S Sollwert, R wirklicher Wert nach Messungen der PTR.

R_S	0,01	0,02	0,05	0,1 Ω
R	0,00999₈	0,01999₉	0,05000₉	0,10005 Ω

Eichung der Amperemeter mit Gleichstrom.

Meßbereich	α_A	J_1	J_2	$J = \dfrac{J_1 + J_2}{2}$	J Mittelwert
5 A	100,0	5,0300 287	5,0071 078	5,0185 187	5,0186
12,5 A	100,0	10,137 130	10,013 014	10,075 072	10,073

Amperemeter: Meßbereich 5 Amp. $\alpha_A = 100,0$ $J = 5,018_6$ A.

Meßreihe	Nr.	f	$R_\mathfrak{S}$	R'_N beobachtet	R'_N Mittel	R'_c beobachtet	R'_c Mittel	k_N	k_K	$k_N + k_K$
A	1	25	0,1	101,78 77	101,77	50,22 21	50,21	+0,04	+0,01	+0,05
	2	25	0,05	78 78	78	25,08 08	25,08	+0,02	+0,01	+0,03
	3	25	0,02	79 77	78	10,01 01	10,01	+0,01	+0,01	+0,02
	4	25	0,01	79 79	79	5,03 03	5,03	+0,00	+0,01	+0,01
				80 77	79					
B	1	50	0,1	101,78 81	101,79	50,17 19	50,18	+0,03	+0,01	+0,04
	2	50	0,05	81 78	79	25,07 07	25,07	+0,01	+0,01	+0,02
	3	50	0,02	80 80	80	10,01 01	10,01	+0,01	+0,01	+0,02
	4	50	0,01	78 77	77	5,02 03	5,02	+0,00	+0,01	+0,01
				77 76	77					
C	1	75	0,1	101,69 67	101,68	50,31 29	50,30	+0,08	+0,01	+0,09
	2	75	0,05	71 70	70	25,10 12	25,11	+0,04	+0,01	+0,05
	3	75	0,02	70 70	70	10,03 03	10,03	+0,02	+0,01	+0,03
	4	75	0,01	71 71	71	5,01 01	5,01	+0,01	+0,01	+0,02
				70 71	70					

Amperemeter: Meßbereich 12,5 Amp. $\alpha_A = 100{,}0$ $J = 10{,}07_3$ A.

Meßreihe	Nr.	f	R_S	R'_N beobachtet	R'_N Mittel	R'_c beobachtet	R'_c Mittel	k_N	k_K	$k_N + k_K$
D	1	25	0,1	101,90 88	101,89	100,99 00	100,99	—0,04	0,00	—0,04
	2	25	0,05	90 91	90	50,44 44	50,44	—0,02	+0,01	—0,01
	3	25	0,02	91 89	90	20,15 16	20,15	—0,01	+0,01	0,00
	4	25	0,01	92 91	91	10,06 07	10,06	0,00	+ 0,01	+ 0,01
				88 88	88					
E	1	50	0,1	101,79 79	101,79	100,84 82	100,83	+0,07	0,00	+0,07
	2	50	0,05	80 78	79	50,39 36	50,37	+0,03	+0,01	+0,04
	3	50	0,02	79 79	79	20,12 13	20,13	+0,02	+0,01	+0,03
	4	50	0,01	77 79	78	10,05 05	10,05	+0,01	+0,01	+0,02
				77 76	76					
F	1	75	0,1	101,80 80	101,80	100,78 78	100,78	+0,04	0,00	+0,04
	2	75	0,05	83 83	83	50,37 37	50,37	+0,01	+0,01	+0,02
	3	75	0,02	84 82	83	20,13 13	20,13	+0,01	+0,01	+0,02
	4	75	0,01	83 82	83	10,05 06	10,05	0,00	+0,01	+0,01
				83 84	83					

Zusammenstellung der Resultate.

Meßreihe	Nr.	f	$E_{x,\Subset} = J \cdot R$	$E_x = R_c \cdot 0{,}01$	Δ in $^0\!/_{00}$
A	1	25	0,5021	0,5026	+1,0
	2	25	0,2509₃	0,2511	+0,5
	3	25	0,1003₆	0,1003	0
	4	25	0,05017	0,0504	+4
B	1	50	0,5021	0,5022	+0,2
	2	50	0,2509₃	0,2509	—0,3
	3	50	0,1003₆	0,1003	—0,6
	4	50	0,05017	0,0503	+2
C	1	75	0,5021	0,5039	+3,6
	2	75	0,2509₃	0,2516	+2,5
	3	75	0,1003₆	0,1006	+2
	4	75	0,05017	0,0503	+2
D	1	25	1,0078	1,0095	+1,7
	2	25	0,5037	0,5043	+1,2
	3	25	0,2014₃	0,2015	0
	4	25	0,1007	0,1007	0
E	1	50	1,0078	1,0090	+1,2
	2	50	0,5037	0,5041	+0,8
	3	50	0,2014₃	0,2016	+1
	4	50	0,1007	0,1007	0
F	1	75	1,0078	1,0082	+0,4
	2	75	0,5037	0,5039	+0,4
	3	75	0,2014₃	0,2015	0
	4	75	0,1007	0,1006	—1

B. Messung mit einem Spannungsteiler.

Apparate:

Elektrodynamisches Voltmeter für 150 V.

Spannungsteiler, Gesamtwiderstand $Rg = 10\,000\ \Omega$, Präzisionskurbelkasten $10 \times 10\,000$, 10×1000 und $10 \times 100\ \Omega$. Abweichungen der Widerstandswerte vom Sollwert in der Größenordnung von $0{,}1^0\!/_{00}$, also zu vernachlässigen.

$$E_{x,\Subset} = E_g\,\frac{R}{10\,000}.$$

Eichung des Voltmeters mit Gleichstrom.

α_V	E_1	E_2	$E = \dfrac{E_1 + E_2}{2}$	E Mittelwert
120,0	119,21	120,76	119,98	119,99
	22	76	99	
	22	76	99	

$$\alpha_V = 120{,}0 \qquad E = 119{,}99\ \mathrm{V}$$

Meßreihe	Nr.	f	R	R'_N beobachtet	R'_N Mittel	R'_c beobachtet	R'_c Mittel	k_N	k_K	$k_N + k_K$
A	1	50	100	101,82 80	101,81	120,05 00 04	120,03	+0,04	+0,01	+0,05
	2	50	400	83 85	84	480,08 03 01	480,04	+0,14	+0,01	+0,15
	3	50	800	81 83	82	959,78 60 65	959,68	+0,48	0,00	+0,48
	4	50	1200	80 79	80	1439,00 18 05	1439,08	+0,57	+0,01	+0,58
				83 85	84					
B	1	25	1200	101,88 85	101,86	1439,60 90	1439,98	0,00	0,00	0,00
	2	50	1200	87 85	86	1440,45 1439,92 85	1439,95	0,00	0,00	0,00
	3	75	1200	87 87	87	1440,07 1440,55 63	1440,64	+0,14	+0,01	+0,15
				82 83	83	75				

Zusammenstellung der Resultate.

Meßreihe	Nr.	f	$E_{x,\,c} = E_g \dfrac{R}{10\,000}$	E_x	Δ in $^0/_{00}$
A	1	50	1,199₉	1,200₈	+0,7
	2	50	4,799₆	4,801₉	+0,5
	3	50	9,599	9,602	+0,3
	4	50	14,39₉	14,39₇	—0,1
B	1	25	14,39₉	14,40₈	+0,6
	2	50	14,39₉	14,39₉	0,0
	3	75	14,39₉	14,40₀	0,0

6. Messung einer Spannung von verzerrter Kurvenform.

(S. hierzu S. 42 und Fußnote 1, S. 41.)

Analyse der Kurve.

Ordinaten y_1, y_2 usw. (in mm).

0,85	1,49	2,20	3,73	8,22	18,64
2,79	10,59	21,54	28,94	28,04	

Summe	3,64	12,08	23,74	32,67	36,26	18,64
Differenz	−1,94	−9,10	−19,34	−25,21	−19,82	18,64

$$r_1 = S_1 + S_3 - S_5 = 3,64 + 23,74 - 36,26 = 27,38 - 36,26 = -8,88$$

$$r_2 = S_2 - S_6 = 12,08 - 18,64 = -6,56$$

$$e_1 = d_1 - d_3 - d_5 = -1,94 + 19,34 + 19,82 = -1,94 + 39,16 = 37,22$$

		Sinuskoeffizienten			Kosinuskoeffizienten		
α	$\sin\alpha$	1 und 11	3 und 9	5 und 7	1 und 11	3 und 9	5 und 7
Grad		Harmonische			Harmonische		
15	0,259	0,94		9,39	−5,14		−0,50
30	0,500	6,04		6,04	−12,60		−12,60
45	0,707	16,78	−6,28	−16,78	−13,67	26,30	13,67
60	0,866	28,30		−28,30	−7,88		7,88
75	0,966	35,05		3,51	−1,87	2,43	19,13
90	1,000	18,64	−6,56	18,64			
Summe der ersten Spalten		52,77	−6,28	−3,88	−20,48	2,43	−4,72
Summe der zweiten Spalten		52,98	−6,56	−3,62	−20,68	26,30	32,30
Summe dieser Werte . . .		105,75	−12,84	−7,50	−41,16	28,73	27,58
Differenz dieser Werte . .		−0,21	0,28	−0,26	0,20	−23,87	−37,02
Koeffizienten von 1, 3, 5 .		17,62	−2,14	−1,25	−6,86	4,79	4,60
„ „ 11, 9, 7 .		−0,04	0,05	−0,04	0,03	−3,98	− 6,17

Gleichung der Kurve.

$$e_t = 17{,}62 \sin \omega t - 2{,}14 \sin 3\,\omega t - 1{,}25 \sin 5\,\omega t - 0{,}04 \sin 7\,\omega t$$
$$+ 0{,}05 \sin 9\,\omega t - 0{,}04 \sin 11\,\omega t - 6{,}86 \cos \omega t + 4{,}79 \cos 3\,\omega t$$
$$+ 4{,}60 \cos 5\,\omega t - 6{,}17 \cos 7\,\omega t - 3{,}98 \cos 9\,\omega t + 0{,}03 \cos 11\,\omega t .$$

Berechnung des Effektivwertes E.

Ordnung der Harmon.	A	B	A^2	B^2	$A^2 + B^2$
1	17,62	—6,86	310,46	47,06	357,52
3	—2,14	4,79	4,58	22,94	27,52
5	—1,25	4,60	1,56	21,16	22,72
7	—0,04	—6,17	0,002	38,07	38,07
9	0,05	—3,98	0,002	15,84	15,84
11	—0,04	0,03	0,002	0,001	—

$$\bar{e}_1^2 = 357{,}52$$
$$\Sigma\,\bar{e}_n^2 = 104{,}15$$
$$\bar{e}_1^2 + \Sigma\,\bar{e}_n^2 = 461{,}67$$

$$E = \sqrt{\tfrac{1}{2}(\bar{e}_1^2 + \Sigma\,\bar{e}_n^2)} = \sqrt{230{,}83} = 15{,}193$$
$$E_1 = \sqrt{\tfrac{1}{2}\,\bar{e}_1^2} \qquad = \sqrt{178{,}76} = 13{,}370$$
$$E - E_1 = 1{,}823$$

$$\frac{E - E_1}{E_1} = \frac{1{,}823}{13{,}37} = 0{,}1363 , \qquad E = E_1 \cdot 1{,}1363 .$$

Für den gemessenen Wert $E_1 = 0{,}01 \cdot R_c = 0{,}9024$ V ist
$$E = 0{,}9024 \cdot 1{,}1363 = 1{,}025 \text{ V} .$$

Die Spannung wurde an dem $0{,}1\ \Omega$ Normalwiderstand, dessen genauer Wert $0{,}10005\ \Omega$ ist, gemessen. Der gewählte Ausschlag $\alpha = 100{,}0$ des Amperemeters für 12,5 A entspricht bei Gleichstrom 10,073 A (s. hierzu Tabelle 5, S. 54).

Hiernach ist $E_{\mathfrak{G}} = 0{,}10005 \cdot 10{,}073 = 1{,}008$ V.

7. Kontrolle der Genauigkeit der Messung kleiner Winkel.
(Hierzu s. S. 43.)

Bezeichnungen:

λ_R Ablesung am Mikrometer des Phasenschiebers (in mm) bei der Kompensation der Spannung am Ohmschen Widerstand R,

$\lambda_{R,L}$ desgleichen bei Serienschaltung des Widerstandes R und der Induktivität L, R' Ohmscher Widerstand der Induktionsspule

$$\Delta\lambda = \lambda_R - \lambda_{R,L} .$$

Phasenverschiebungswinkel in Minuten $\delta' = \Delta\lambda \cdot 100 \cdot 0{,}6 = 60\,\Delta\lambda$,

$\delta_{\mathfrak{G}}$ dessen Sollwert

$$\operatorname{tg} \delta_{\mathfrak{G}} = \frac{\omega L}{R + R'} \qquad \delta_{\mathfrak{G}}' = 3440 \operatorname{tg} \delta \qquad \Delta\delta = \delta' - \delta_{\mathfrak{G}}' .$$

Apparate:

Präzisionskurbelkasten 10×100, 10×1000 und $10 \times 10\,000\ \Omega$. Normalien der Selbstinduktion.

Meßwerte.

$$f = 50 \quad (\omega = 314).$$

Nr.	R	R'	L Henry	λ_R		$\lambda_{R,L}$	
				gemessen	Mittel	gemessen	Mittel
1	100	0,2	0,0001	4,95 93 93	4,935	4,92 925	4,92
2	100	0,7	0,001	5,09 08 08	5,08	4,90 90	4,90
3	100	1,8	0,005	4,71 70 71	4,71	3,83 85	3,84
4	100	2,8	0,01	4,30 32 33	4,32	2,61 60	2,61

Resultate.

Nr.	$\varDelta \lambda$	δ'	$\delta'_{\mathfrak{S}}$	$\varDelta\,\delta'$
1	0,015	0,9	1,1	—0,2
2	0,18	10,8	10,8	0,0
3	0,87	52,2	53,1	—0,9
4	1,71	102,5	105,0	—2,5

Vorgänge in der Scheibe eines Induktionszählers und der Wechselstromkompensator als Hilfsmittel zu deren Erforschung. Von Dr.-Ing. **W. v. Krukowski.** Mit 63 Abbildungen im Text und auf 3 Textblättern. Mitteilung aus dem Zählerlaboratorium der Siemens-Schuckertwerke. Preis M. 20.—

Wirkungsweise der Motorzähler und Meßwandler. Für Betriebsleiter von Elektrizitätswerken, Zählertechniker und Studierende. Von Dr.-Ing. **J. A. Möllinger,** Direktor in der Abteilung Zählerbau der Siemens-Schuckertwerke. Mit 87 Textabbildungen.
Gebunden Preis M. 5.80

Wechselstromtechnik. Von Dr. **G. Roeßler,** Professor an der Technischen Hochschule zu Danzig. (Zweite Auflage von „Elektromotoren für Wechselstrom und Drehstrom".) I. Teil. Mit 185 Textabbildungen.
Gebunden Preis M. 9.—

Elektrotechnische Meßinstrumente. Ein Leitfaden von **Konrad Gruhn.** Mit 321 Textabbildungen. Preis M. 17.—; gebunden M. 20.—

Messungen an elektrischen Maschinen (Apparate, Instrumente, Methoden, Schaltungen). Von **Rudolf Krause,** Ingenieur. Vierte, gänzlich umgearbeitete Auflage von **Georg Jahn,** Ingenieur. Mit 256 Textabbildungen und einer Tafel. Gebunden Preis M. 28.—

Lehrbuch der elektrischen Festigkeit der Isoliermaterialien. Von Dr.-Ing. **A. Schwaiger,** a. o. Professor an der Technischen Hochschule Karlsruhe. Mit 94 Textabbildungen. Preis M. 9.—; gebunden M. 10.60

Die Materialprüfung der Isolierstoffe der Elektrotechnik. Herausgegeben von **Walter Demuth,** Oberingenieur und Prüffeldvorstand der Gesellschaft für drahtlose Telegraphie (Telefunken), Berlin, unter Mitarbeit von **Kurt Bergk** und **Hermann Franz,** Ingenieuren derselben Gesellschaft. Mit 76 Textabbildungen. Preis M. 12.—; gebunden M. 14.40

Magnetische Ausgleichsvorgänge in elektrischen Maschinen. Von **J. Biermanns,** Vorsteher des Hochspannungslaboratoriums der AEG. Mit 123 Textabbildungen. Preis M. 17.—; gebunden M. 19.—

Die Geometrie der Gleichstrommaschine. Von **O. Grotrian,** Geh. Regierungsrat, Professor an der Techn. Hochschule in Aachen. Mit 102 Textabbildungen. Preis M. 6.—; gebunden M. 7.40

Hierzu Teuerungszuschläge